典型液压与气动系统
认知及安装调试

主　编　梁　毅　李珊珊
副主编　陈　雷　安莉莉　秦　都

西南交通大学出版社

·成　都·

图书在版编目（ＣＩＰ）数据

典型液压与气动系统认知及安装调试 / 梁毅，李珊珊主编. —成都：西南交通大学出版社，2020.9
ISBN 978-7-5643-7615-4

Ⅰ. ①典… Ⅱ. ①梁… ②李… Ⅲ. ①液压系统－安装－职业教育－教材②气压系统－安装－职业教育－教材③气压系统－调试方法－职业教育－教材④液压系统－调试方法－职业教育－教材 Ⅳ. ①TH138②TH137

中国版本图书馆 CIP 数据核字（2020）第 166852 号

Dianxing Yeya yu Qidong Xitong Renzhi ji Anzhuang Tiaoshi
典型液压与气动系统认知及安装调试

主　编／梁　毅　李珊珊　　　　责任编辑／朱小燕
　　　　　　　　　　　　　　　　封面设计／吴　兵

西南交通大学出版社出版发行

（四川省成都市金牛区二环路北一段 111 号西南交通大学创新大厦 21 楼　610031）
发行部电话：028-87600564　028-87600533
网址：http://www.xnjdcbs.com
印刷：成都中永印务有限责任公司

成品尺寸　185 mm×260 mm
印张　9.75　　字数　212 千
版次　2020 年 9 月第 1 版　　印次　2020 年 9 月第 1 次

书号　ISBN 978-7-5643-7615-4
定价　29.80 元

前　言

　　为了积极响应国家职业教育改革的号召，我校借鉴了德国职业教育理念，以学习领域为基础并结合我国职业教育特色，打破传统学科课程体系，以十三个工业机器人学习领域重构工业机器人专业课程体系。《典型液压与气动系统认知及安装调试》一书为十三个学习领域中的学习领域四"液压、气动系统设计基础"课程内容的相关配套教材。

　　本书的特点是：紧密围绕工作任务来选择组织教学内容，以典型液压、气动设备的拆解、安装、调试流程为主线，将课程内容根据每一项操作按其完成的功能进行模块化重组，形成了"课程-任务"的结构；各典型工作任务以实际操作为牵引，使操作与各系统的原理一一对应，并进行有机连接，实现每一个典型工作任务的完整工作过程，将理论与实践紧密结合起来。

　　本书在编写过程中注重吸收液压与气动的新知识与新技术，在选取教学内容时以"必需、够用"为原则，努力做到紧扣教学基本要求，尽量降低知识难度。本书内容主要包括液压与气动的基本知识，液压与气动的动力元件、控制元件、辅助元件、基本回路，以及典型液压与气动系统的拆解、安装与调试。

由于编者水平有限，书中难免存在不足之处，恳请广大读者批评指正。

编 者

2020 年 6 月

目 录

初识液压与气动系统

一、教学目标

1. 知识目标

（1）了解液压与气动系统的应用；
（2）掌握液压与气压传动以及流体的概念；
（3）掌握液压与气动系统的工作原理；
（4）掌握四大元件的功能；
（5）掌握液压与气动系统各自的特点。

2. 能力目标

（1）能识别简单的元件符号；
（2）能根据结构图分析系统的工作原理；
（3）能根据手指气缸的结构图分析其工作原理。

3. 素质目标

（1）养成分析问题考虑局部与整体的关系的习惯；
（2）培养学生对液压与气动系统的学习兴趣；
（3）养成良好的学习习惯；
（4）养成团队协作的习惯；
（5）培养学生的自学能力。

二、教学重难点

1. 重　点

（1）掌握液压与气动系统的工作原理；

（2）掌握四大元件的功能；

（3）掌握液压与气动系统各自的特点。

2. 难　点

掌握四大元件的功能。

三、思政环节

中华人民共和国成立 70 年来，我国工业发展取得了令人骄傲的成就，建成了全球最为完整的工业体系，生产能力大幅度提升，主要工业产品产量跃居世界前列，国际竞争力不断增强，出口贸易规模多年创世界第一，工业结构逐步优化，技术水平和创新能力稳步提升，成为世界第一大工业国。工业的跨越发展，奠定了我国强国之基、富国之路。

四、新课导入

工业机器人（见图 1-1）的出现给工业发展提供了强大的动力。因为工业机器人具备智能、高效、精准、持久等特点，所以它被广泛应用于汽车、医药、精密制造等行业。机器人本体加上不同的机械结构，就使得它拥有了多种多样的功能，如码垛、焊接、喷漆、涂胶等。

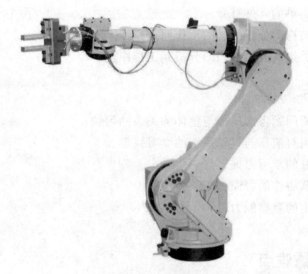

图 1-1　工业机器人

要想更好地掌握工业机器人的功能，除了学习工业机器人本体的相关知识之外，还要习它附带的各种功能器件。下面要介绍的就是具备码垛或抓取功能的工业机器人的功能器件——手指气缸（见图 1-2），以及驱动手指气缸动作的气动系统和气动系统相关联的液压传动系统。

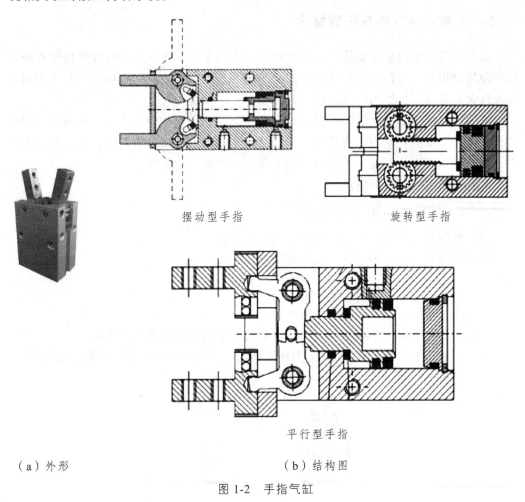

摆动型手指　　　　　　　　　旋转型手指

平行型手指

（a）外形　　　　　　　　　（b）结构图

图 1-2　手指气缸

五、布置任务

大技师精密机械设计有限公司新进了一批技术人员，公司特委托你部门对这批新进人员进行技术培训。

要求：

（1）讲清楚液压与气动系统以及流体的概念；

（2）通过典型液压系统的结构图，指出其中的四大元件，讲清楚其概念并分析其作用；

（3）分析液压与气动系统各自的特点及应用；

（4）通过手指气缸结构图，分析手指气缸的工作原理。

六、学习资料

（一）液压与气动系统的概念

液压与气压传动是以流体（液压油或压缩空气）为工作介质进行能量传递和控制的一种传动形式。它们通过各种元件组成不同功能的基本回路，再由若干基本回路有机地组合成具有一定控制功能的传动系统。

液压与气压传动都是借助于密封容积的变化，利用流体的压力能与机械能之间的转换来传递能量的；压力和流量是液压与气压传动中的两个重要参数，其中系统压力大小取决于负载大小，流量大小则决定了执行元件的运动速度。

力的传递遵循帕斯卡原理：

$$F_1=p_1A_1=p_2A_1=pA_1$$

注：液压与气动系统的工作压力取决于外负载。

运动的传递遵循容积变化相等的原则：

$$q_1=v_1A_1=v_2A_2=q_2$$

注：执行元件的运动速度取决于流量。

因此，压力和流量是液压与气动系统中的两个最基本和重要的参数。

思考：液压千斤顶（见图1-3）为什么能用一个较小的力举起一个较重的物体？

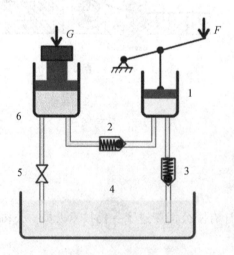

1—小液压缸；2—排油单向阀；3—吸油单向阀；4—油箱；5—截止阀；6—大液压缸。

图1-3　液压千斤顶的结构

（二）液压与气压系统的工作原理及组成

图1-4所示为典型液压系统的结构。

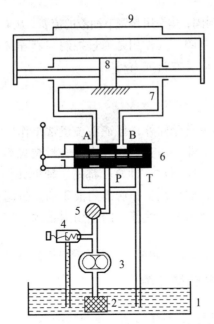

1—油箱；2—过滤器；3—液压泵；4—溢流阀；5—节流阀；6—换向阀；
7—油管；8—液压缸；9—工作台。

图1-4 典型液压系统的结构

1. 动力元件

动力元件为液压与气动系统提供一定流量的压力流体的装置，将原动机输入的机械能转换为流体的压力能。常见的动力元件有液压泵和空气压缩机。

在该液压系统中，电动机（原动机）带动液压泵3旋转，液压泵经过滤器2从油箱1中吸油。被液压泵施加压力后液压油经油管向上送至系统参与工作。

2. 执行元件

执行元件是将流体压力能转换为机械能的装置，以克服负载阻力，驱动工作部件做工。常见的执行元件有液压缸、气缸或液压马达、气动马达。缸能实现直线运动，输出力和速度。马达能实现旋转运动，输出转矩和转速。

在该系统中，被加压的液压油流入液压缸8内，油液压力作用在液压缸内的活塞上面，推动活塞和活塞杆做平移运动，从而带动工作台9做平移运动。

3. 控制元件

控制元件包括压力、流量、方向控制阀，它们是对液压与气动系统中流体的压力、流量和方向进行控制的装置，以及进行信号转换、逻辑运算和放大功能的信号控制元件，以保证执行元件运动的各项要求。

在该系统中，溢流阀4属于压力控制阀，其作用是限制和稳定整个系统的压力，将系统压力控制在安全范围内，并保持压力恒定。

节流阀 5 属于流量控制阀，其作用是调节油液的流量，从而控制液压缸 8 的运行速度。

换向阀 6 属于方向控制阀，其作用是通过控制与其连接油管中液压油的流向，从而控制液压缸 8 的运行方向（左行或右行）。

4. 辅助元件

辅助元件是指除上述三类元件外，保证系统正常工作所需要的其他装置，如各种管件、油箱、过滤器、蓄能器、消音器、仪表和密封装置等。

在该系统中，油箱 1、过滤器 2、油管 7 都属于辅助元件。它们是系统中必不可少的元件。油箱 1 的作用是存储系统工作所需的液压油。过滤器 2 的作用是过滤液压油中的杂质，保持液压油的清洁度。油管 7 的作用则是约束液压油的流动，连接各个器件，组成完整的系统。

（三）液压系统的图形符号图

目前各国均用元件的图形符号来绘制液压与气动系统图。这些符号只表示元件的职能及连接通路，而不表示其结构和性能参数。图 1-5 所示为典型液压系统的图形符号。

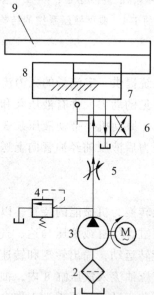

1—油箱；2—过滤器；3—液压泵；4—溢流阀；5—节流阀；6—换向阀；
7—油管；8—液压缸；9—工作台。

图 1-5 典型液压系统的图形符号

流体传动系统及元件图形符号和回路图
第 1 部分：用于常规用途和数据处理的图形符号

（四）特　点

液压与气动系统的优点与缺点见表 1-1。

表 1-1　优点与缺点

序号	类别	优点	缺点
1	液压系统	1. 单位体积输出功率大。在同等功率下，液压装置体积小、质量小。液压马达的体积和质量只有相同功率电动机的 12%	1. 油液的泄漏、油液的可压缩性、油管的弹性变形会影响运动传递的正确性，故不宜用于要求具有精确传动比的场合
		2. 工作比较平稳。由于质量小、惯性小、反应快，液压装置易于实现快速起停、制动和频繁换向	2. 由于油液的黏度随温度变化，从而影响运动的稳定性，故不宜在温度变化范围较大的场合下使用
		3. 液压装置能在较大范围内实现无级调速	3. 工作过程中有较多的能量损失，因此，液压传动的效率不高，不宜用于远距离传动
		4. 易于实现自动化。如将液压控制和电气、电子控制或气动控制结合起来，整个传动装置能实现很复杂的顺序动作，并能方便地实现远程控制	
		5. 易于实现过载保护	
		6. 液压元件已实现了标准化、系列化和通用化，液压系统的设计、制造和使用都比较方便	4. 为了减少泄漏，液压元件的制造精度要求高，故制造成本较高
2	气动系统	1. 以空气为工作介质，取材方便，使用后可以直接排入大气中，处理简单，不污染环境	1. 由于空气具有可压缩性，所以气缸的运动稳定性较差，动作速度易受负载变化的影响
		2. 由于空气流动损失小，压缩空气便于集中供气和实现远距离传输和控制	
		3. 与液压系统相比较，气压传动具有动作迅速、反应快等优点，液压油在管路中流动速度一般为 1~5 m/s，而气体速度可以大于 10 m/s，甚至接近声速，在 0.02~0.03 s 时间内即可达到所要求的工作压力及速度。此外，气压传动维护简单、管路不宜堵塞、且不存在介质变质、补充和更换等问题	2. 工作压力较低，系统输出力较小，传动效率较低
		4. 工作环境适应性强，特别是在易燃易爆、多尘埃、强辐射、振动等恶劣环境下工作时要比液压、电子、电气控制优越	3. 气动系统具有较大的排气噪声
		5. 结构简单、轻便、安装维护简单，压力等级低，使用安全可靠	4. 工作介质本身没有润滑性，需要加油雾器进行润滑
		6. 空气具有可压缩性，气动系统能够实现自动过载保护	

（五）手指气缸的结构

思考：手指气缸（见图 1-6）的手指是如何实现张开、合拢的？

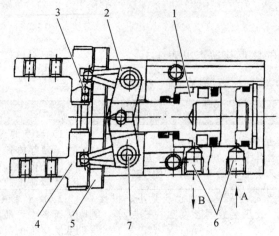

1—活塞杆；2—杠杆；3—钢球；4—手指；5—导轨；6—气管接口；7—杠杆轴。

图 1-6 手指气缸的结构

七、自我检测

（1）液压系统的工作介质为_____，气动系统的工作介质为_____。

（2）液压与气动系统由_____、_____、_____和_____四大元件构成。

（3）液压泵属于_____元件，液压缸、液压马达属于_____元件，减压阀属于_____元件，压力表属于_____元件。

（4）系统的_____由负载大小决定，执行元件的运动速度由_____决定。

（5）请简单阐述一下液压与气动系统各自的特点。

_____

_____

_____

_____

_____

_____

_____

_____

_____。

八、任务实施

1. 学生分组

_____

_____

2. 搜集资料

_____

_____

_____

_____

3. 制订计划

_____

_____

_____

_____

4. 决　策

_____

_____

5. 任务实施

（1）液压与气动系统与流体的概念：

_____

_____

（2）在图 1-5 中，属于动力元件的有：_____

属于执行元件的有：_____

属于控制元件的有：_____

属于辅助元件的有：_____

（3）液压与气动系统的特点分别有哪些？

液压系统的特点：_____

_____

_____

_____

_____

气动系统的特点：_____

_____

_____

_____

_____

（4）手指气缸的工作原理是：_____

_____

_____

九、验收（任务评价）

1. 小组自评

_____

_____

2. 小组互评

_____

_____

3. 教师点评

_____

_____

十、课后作业

请找出生活、生产中液压系统应用的三个实际案例：

_____

_____

请找出生活、生产中气动系统应用的三个实际案例：

_____

_____

_____

十一、知识拓展

从 17 世纪中叶帕斯卡提出静压传动原理，18 世纪末英国制成世界上第一台水压机算起，液压传动技术已有 300 多年的历史，但直到 20 世纪 30 年代它才较普遍地用于起重机、机床及工程机械。起初响应迅速、精度高的液压控制机构主要用于装备各种武器，后面液压技术才迅速转向民用工业。

20 世纪 60 年代以后，原子能、空间技术、计算技术的发展带动了液压技术迅速发展。因此，液压传动真正的发展也只是近五六十年的事。

搭建系统的前期准备

子任务一　采购液压油

一、教学目标

1. 知识目标

（1）了解液压系统对液压油的要求和分类；

（2）掌握液压油的选用原则；

（3）掌握液压油的性质：黏性、黏度、黏温特性。

2. 能力目标

能根据实际需求选择合适的液压油。

3. 素质目标

（1）养成分析问题考虑局部与整体的关系的习惯；

（2）培养学生对液压与气动系统的学习兴趣；

（3）养成良好的学习习惯；

（4）养成团队协作的习惯；

（5）培养学生自学能力。

二、教学重难点

1. 重　点

（1）液压油的性质：黏性、黏度、黏温特性；

（2）液压油的选择及使用要求。

2．难　点

液压油的性质：黏性、黏度、黏温特性。

三、思政环节

液压油是工业润滑油中用量最大、应用面最广的品种。液压油广泛用于冶金、矿山、工程机械、汽车、飞机、运输工具、机床及其他中。全世界液压油的需要量约为1000万吨/年，占工业润滑油的一半。目前我国每年液压油的用量约为30万吨，其中抗磨液压油的用量约为4万吨。液压油的使用量体现了我国工业发展情况，工业的跨越发展，奠定了我国强国之基、富国之路。

四、新课导入

液压油是液压系统传递动力的介质，同时又是系统的润滑剂与冷却剂。它对于提高液压系统的可靠性、延长液压元件的使用寿命及节省资源、节省能源等方面都有直接的影响。近年来，我国已试成投产了多种专用液压油，以供液压设备在各种工况下使用。但是，如果对液压油选择不当、使用不慎、更换不及时，则会导致液压油过早地污染变质，加速液压元件的损坏，严重影响液压设备的正常运转和效率，甚至造成重大事。

五、布置任务

大技师精密机械设计有限公司常年会接到以下三种液压系统的设计安装工作：① 工作压力大的液压系统；② 运动速度快的液压系统；③ 环境温度高的液压系统。为保证正常的生产秩序，需根据要求采购一批液压油备用。先请技术部门填写采购清单，以供采购部门进行采购。

六、学习资料

液压油就是利用液体压力能的液压系统使用的液压介质，在液压系统中起着能量传递、抗磨、系统润滑、防腐、防锈、冷却等作用。

（一）液压油液的主要性质

液压传动所用液压油一般为矿物油。它不仅在液压传动及控制中起到传递能量和信号的作用，而且还起到润滑、冷却和防锈的作用。

1. 液压油的密度

单位体积液压油的质量称为该种液压油的密度，以 ρ 表示，即

$$\rho = \frac{m}{V} \tag{2-1}$$

密度是液压油的一个重要物理参数，随着液压油温度和压力的变化，其密度也会发生变化，但这种变化量很小，可以忽略不计。一般液压油的密度为 $900\ \mathrm{kg/m^3}$。

2. 黏 性

1）黏性的物理意义

液体在外力作用下流动（或有流动趋势）时，分子间的内聚力要阻止分子相对运动而产生的一种内摩擦力，它使液体各层间的运动速度不等，这种现象叫作液体的黏性。

2）牛顿液体内摩擦定律

如图 2-1 所示，两平行平板间充满液体，下平板保持不动，上平板以速度 u_0 向右平移。实验测定表明：由于液体存在黏性以及液体和固体壁间的附着力，液体内部各层间的速度将呈阶梯状分布，紧贴下平板的液体层速度为 0，紧贴上平板的液体层速度为 u_0，而中间各层液体的速度则呈线性规律分布。

$$F = \mu A \frac{\mathrm{d}u}{\mathrm{d}y} \tag{2-2}$$

式中　F ——相邻液层间的内摩擦力（N）；

A ——液层间的接触面积（$\mathrm{m^2}$）；

$\mathrm{d}u/\mathrm{d}y$ ——液层间的速度梯度；

μ ——动力黏度（$\mathrm{Pa \cdot s}$）。

若以 τ 表示内摩擦切应力，则式（2-2）也可表达为

$$\tau = \frac{F}{A} = \mu \frac{\mathrm{d}u}{\mathrm{d}y} \tag{2-3}$$

这就是牛顿液体内摩擦定律。

思考：液体在静止状态下的黏性如何？为什么？

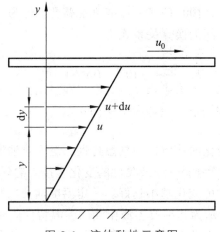

图 2-1　液体黏性示意图

3. 黏　度

黏度是用来表示液体黏性大小的。常用的黏度表示方法有以下几种：

1）动力黏度

动力黏度又称绝对黏度，即式（2-2）中的 μ，即

$$\mu = \frac{F}{A\dfrac{\mathrm{d}u}{\mathrm{d}y}} \qquad\qquad (2\text{-}4)$$

动力黏度的单位为 Pa·s（帕·秒）。

2）运动黏度

液体动力黏度和密度的比值称为动力黏度，以 v 表示：

$$v = \frac{\mu}{\rho} \qquad\qquad (2\text{-}5)$$

运动黏度的单位是 m²/s（米 ²/秒），它是工程实际中经常用到的物理量，国际标准化组织 ISO 规定统一采用运动黏度来表示油的黏度等级。

3）相对黏度

相对黏度是根据特定测量条件制定的，故又称为条件黏度。测量条件不同，采用的相对黏度单位也不同，如恩氏黏度 $°E$（中国、德国）、赛氏黏度 SSU（美国、英国）、雷氏黏度 R（英国、美国）和巴氏黏度 $°B$（法国）等。

恩氏黏度用恩氏黏度计测定，即将 200 mL、温度为 $t\,°C$ 的被测液体装入黏度计的容器内，由其底部 $\phi 2.8$ mm 的小孔流出，测出液体流尽所需时间 t_1，再测出相同体积、温度为 20 °C 的蒸馏水在同一容器中流尽所需的时间 t_2，这两个时间之比即为被测液体在 $t\,°C$ 下的恩氏黏度，即

$$°E_t = \frac{t_1}{t_2} \qquad\qquad (2\text{-}6)$$

通常以 20 ℃、40 ℃、100 ℃ 作为标准测定温度，记为：$^{\circ}E_{20}$，$^{\circ}E_{40}$，$^{\circ}E_{100}$。恩氏黏度与运动黏度间的换算关系式为

$$v = \left(7.31^{\circ}E_t - \frac{6.31}{^{\circ}E_t}\right) \times 10^{-6} \quad (\mathrm{m^2/s}) \tag{2-7}$$

4. 黏温特性

油液的黏度随温度变化的性质称为黏温特性。温度对油液黏度的影响很大，当油液温度升高时，其黏度显著下降。油液黏度的变化直接影响到液压系统的性能泄漏量，因此希望油液黏度随温度的变化越小越好。一定温度油液的黏度，可以从液压设计手册中直接查出。图 2-2 所示为几种典型液压油的黏温特性曲线。

油液的其他物理及化学性质包括抗燃性、抗凝性、抗氧化性、抗泡沫性、抗乳化性、防锈性、润滑性、导热性、相容性及纯净性等，具体可参考相关产品手册。

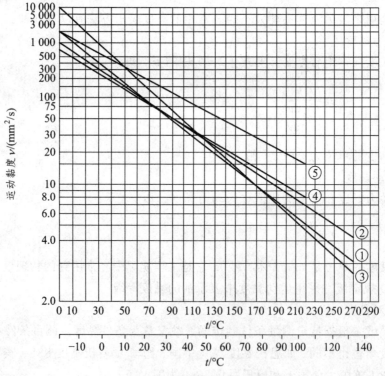

图 2-2　几种典型液压油的黏温特性曲线

（二）液压油的选用

1. 液压油的使用要求

液压传动系统用的液压油一般应满足的要求有：① 对人体无害且成本低廉；② 黏度适当，黏温特性好；③ 润滑性能好，防锈能力强；④ 质地纯净，杂质少；⑤ 对金

属和密封件的相容性好；⑥ 氧化稳定性好，不变质；⑦ 抗泡沫性和抗乳化性好；⑧ 体积膨胀系数小；⑨ 燃点高，凝点低等。对于不同的液压系统，则需根据具体情况突出某些方面的使用性能要求。

2. 液压油的品种

矿油型液压油的主要品种有普通液压油、抗磨液压油、低温液压油、高黏度指数液压油、液压导轨油等。矿油型液压油的润滑性和防锈性好，黏度等级范围也较宽，因而在液压系统中应用很广。汽轮机油是汽轮机专用油，常用于一般液压传动系统中。普通液压油的性能可以满足液压传动系统的一般要求，广泛适用于在常温工作的中低压系统。抗磨液压低温液压油、高黏度指数液压油、液压导轨油等，专用于相应的液压系统中。矿油型液压油具有可燃性，为了安全起见，在一些高温、易燃、易爆的工作场合，常用水包油、油包水等乳化液，或水-乙二醇、磷酸酯等合成液。

液压油的主要品种、ISO 代号及其特性和用途见表 2-1。

表 2-1 液压油的主要品种、ISO 代号及其特性和用途

类型	名称	ISO 代号	特性和用途
矿油型	普通液压油	L-HL	精制矿油加添加剂，提高抗氧化和防锈性能，适用于室内一般设备的中低压系统
	抗磨液压油	L-HM	L-HL 油加添加剂，改善抗磨性能，适用于工程机械、车辆液压系统
	低温液压油	L-HV	L-HM 油加添加剂，改善黏温特性，可用于环境温度在 −20 ~ −40 ℃ 的高压系统
	高黏度指数液压油	L-HR	L-HL 油加添加剂，改善黏温特性，VI 值达 175 以上，适用于对黏温特性有特殊要求的低压系统，如数控机床液压系统
	液压导轨油	L-HG	L-HM 油加添加剂，改善黏-滑性能，适用于机床中液压和导轨润滑合用的系统液压导轨油
	全损耗系统用油	L-HH	浅度精制矿油，抗氧化性、抗泡沫性较差，主要用于机械润滑，可作液压代用油，用于要求不高的低压系统
	汽轮机油	L-TSA	深度精制矿油加添加剂，改善抗氧化、抗泡沫等性能，为汽轮机专用油，可作液压代用油，用于一般液压系统
乳化型	水包油乳化液	L-HFA	又称高水基液，特点是难燃、黏温特性好，有一定的防锈能力，润滑性差，易泄漏。适用于有抗燃要求，油液用量大且泄漏严重的系统
	油包水乳化液	L-HFB	既具有矿油型液压油的抗磨、防锈性能，又具有抗燃性，适用于有抗燃要求的中压系统
合成型	水-乙二醇液	L-HFC	难燃，黏温特性和抗蚀性好，能在 −30 ~ +60 ℃ 温度下使用，适用于有抗燃要求的中低压系统
	磷酸酯液	L-HFDR	难燃，润滑抗磨性能和抗氧化性能良好，能在 −54 ~ +135℃ 温度下使用；缺点是有毒；适用于有抗燃要求的高压精密液压系统

（三）液压油的选择

1. 油液品种的选择

选择油液品种时，可以参照表 2-1 并根据是否专用、有无具体工作压力、工作温度及作环境等条件，从而进行综合考虑。

2. 黏度等级的选择

确定好液压油的品种，就要选择液压油的黏度等级。黏度对液压系统工作的稳定性、可靠性、效率、温升及磨损都有显著的影响，在选择黏度时应注意液压系统的工作情况。

（1）工作压力：对于工作压力较高的系统，液压元件运动部件之间的摩擦力也更大。黏度较大的液压油由于黏性高，能在液压元件的内部形成较厚的油膜，对工作压力较高的液压元件有较好的保护作用，同时，也能有效减少泄漏。

（2）运动速度：为了减轻液流的摩擦损失，当液压系统的工作部件运动速度较高时，宜选用黏度较小的液压油。

（3）环境温度：环境温度较高时宜选用黏度较大的液压油。

（4）液压泵的类型：在液压系统的所有元件中，以液压泵对液压油的性能最为敏感。因为泵内零件的运动速度很高，承受的压力较大，润滑要求苛刻而且温升高。因此，常根据液压泵的类型及要求来选择液压油的黏度。

各类液压泵适用的黏度范围见表 2-2。

表 2-2　各类液压泵适用的黏度范围

液压泵类型		环境温度 5～40 ℃ 时的黏度 $v/(\times10^{-6}\mathrm{m}^2\cdot\mathrm{s}^{-1})$（40 ℃）	环境温度 40～80 ℃ 时的黏度 $v/(\times10^{-6}\mathrm{m}^2\cdot\mathrm{s}^{-1})$（40 ℃）
叶片泵	$p<7\times10^6\mathrm{Pa}$	30～50	40～75
	$p\geqslant7\times10^6\mathrm{Pa}$	50～70	55～90
齿轮泵		30～70	95～165
轴向柱塞泵		40～75	70～150
径向柱塞泵		30～80	65～240

七、自我检测

（1）工作介质在传动及控制中起着_____的作用。

（2）液体在外力作用下流动时，分子间的内聚力要阻止分子相对运动而产生的一种内摩擦力，它使液体各层间的运动速度不等，这种现象叫作液体的_____。

（3）液体黏度常用的表示方法有_____、_____、_____。

（4）油液的黏度随温度变化的性质称为_____。

（5）当油液温度升高时，其黏度_____。

八、任务实施

1. 学生分组

_____

_____

2. 搜集资料

_____

_____

_____

3. 制订计划

_____

_____

_____

4. 决　策

_____

_____

_____

5. 任务实施
请认真填写表 2-3。

表 2-3　液压油采购清单

序号	液压系统特点	液压油黏度特点 （请填写黏度高低）	采购理由 （填写选择黏度高低的原因）
1	工作压力大		
2	运动速度快		
3	环境温度高		

九、验收（任务评价）

1. 小组自评

_____

_____

2. 小组互评

_____

_____

3. 教师点评

_____

_____

十、课后作业

用恩氏黏度计测得某液压油($\rho = 850 \text{ kg/m}^3$)200 mL 流过的时间为 $t_1 = 153 \text{ s}$，20 ℃时 200 mL 的蒸馏水流过的时间为 $t_2 = 51 \text{ s}$，求该液压油的恩氏黏度°E、运动黏度 ν 和动力黏度 μ 各为多少?

_____

_____

_____

_____

十一、知识拓展

液压油保养工作（前提是设备正常运行，无异常状况）：

（1）保证液压油不在高温下使用，因为油品在高温下很快会氧化变质。

（2）液压站上的空气过滤器要采用既能过滤颗粒的也能过滤水分的过滤器。

（3）采用精密滤芯过滤液压油，使油品的污染度长期保持在 NAS<8 级，设备自带的滤芯一般精度太差，不能保证液压油的洁净度，因为液压站的容脏极限只有 5 μm，而自带滤芯的精度往往要大于这个尺寸，一般液压站的污染度要求控制 NAS 小于 8 级，对于有伺服机构的设备要求更高，要小于 7 级。

（4）离心脱水/真空脱水（对于有水分的油站）。

（5）定期对油品进行检测。

子任务二　液压油的使用及处理

一、教学目标

1. 知识目标

（1）了解油管与管接头的结构形式；

（2）了解过滤器的基本要求；

（3）掌握过滤器的安装位置；

（4）掌握油箱的功用与油箱的设计。

2. 能力目标

（1）能够熟练地安装过滤器；
（2）能根据机构图分析系统的工作原理；

3. 素质目标

（1）培养学生的团队协作能力；
（2）培养学生对液压与气动系统的学习兴趣；
（3）养成良好的学习习惯；
（4）培养学生的自学能力。

二、教学重难点

1. 重　点

（1）掌握过滤器的安装位置；
（2）掌握油箱的功用与油箱的设计。

2. 难　点

（1）掌握过滤器的安装位置；
（2）掌握油箱的功用与油箱的设计。

三、思政环节

2019 年 9 月 23 日，习近平总书记对我国技能选手在第 45 届世界技能大赛上取得佳绩作出重要指示时强调，要在全社会弘扬精益求精的工匠精神，激励广大青年走技能成才、技能报国之路（《人民日报海外版》2019 年 9 月 24 日 第 02 版）。不积跬步，无以至千里；不积小流，无以成江海。认真细致的学习态度对今后从事技术工作具有十分重要的作用，而知识的积累将为你带来巨大的质变。

四、新课导入

液压系统的泄漏问题是一个世界性的问题，而防止泄漏主要是由密封结构完成的。在液压系统中都有哪些结构形式的密封？有哪些常用的密封件呢？

五、布置任务

大技师精密机械设计有限公司的技术员在对液压系统进行检修时，发现有泄漏现象，而后公司决定对相关员工进行技术培训，要求：① 能够熟练地安装过滤器；② 能对油管进行连接和拆卸；③ 能描述清楚油箱设计与检修的注意事项。

六、学习资料

（一）油管及接头

液压系统通过油管来传送工作液体，用管接头将油管与油管或油管与元件连接起来。油管和管接头应有足够的强度、良好的密封性能，并且压力损失要小、拆装方便。

1. 油　管

1）油管的种类

油管的种类和适用场合见表 2-4。

表 2-4　油管的种类和适用场合

种类		特点和适用场合
硬管	钢管	价低、耐油、抗腐、刚性好，但装配时不便弯曲。常在装拆方便处用作压力管道。中压以上条件下采用无缝钢管，低压条件下采用焊接钢管
	纯铜管	价高，抗振能力差，易使油液氧化，但易弯曲成形，只用于仪表装配不便处
软管	尼龙管	乳白色半透明，可观察流动情况。加热后可任意弯曲成形和扩口，冷却后即定形。承压能力为 2.5～8 MPa
	塑料管	耐油、价低、装配方便，长期使用易老化，只适用于压力低于 0.5 MPa 的回油管与泄油管
	橡胶管	用于柔性连接，分高压和低压两种。高压胶管由耐油橡胶夹钢丝编织网制成，用于压力管路；低压胶管由耐油橡胶夹帆布制成，用于回油管路

2）油管的安装要求

（1）管路应尽量短、布置整齐、转弯少，避免过小的转弯半径，弯曲后管径的圆度不得大于 10%，一般要求弯曲半径大于其直径的 3 倍，管径小时还要加大，并保证管路有足够的伸缩变形余地。液压油管悬伸太长时要有支架支撑。

（2）管路最好平行布置，且尽量少交叉。平行或交叉的液压油管间至少应留有 10 mm 的间隙，以防接触振动，并给安装管接头留有足够的空间。

（3）安装前的管子，一般先用 20% 的硫酸或盐酸进行酸洗；再用 10% 的苏打水中和；然后用温水洗净后，进行干燥、涂油处理，并做预压试验。

（4）安装软管时不允许拧扭，直线安装要有余量，软管弯曲半径应不小于软管外径的9倍。弯曲处管接头的距离至少是外径的6倍。若结构要求管径必须小于弯曲半径时，则应选用耐压性较好的管子。

2. 管接头

在液压系统中，对于金属管之间以及金属管与元件之间的连接，可以采用直接焊接、法兰连接和管接头连接等方式。焊接连接要进行试装、焊、除渣、酸洗等一系列工序，且安装后拆卸不方便，因此很少使用。法兰连接工作可靠，拆装方便，但外形尺寸较大；一般只对直径大于50 mm的液压油管采用法兰连接。对小直径的液压油管，普遍采用管接头连接，如焊接管接头、卡套管接头、扩口管接头等。管接头的名称及特点见表2-5。

表2-5　管接头的名称及特点

名称	结构简图	特点和说明
焊接式管接头	球形头	1. 连接牢固，利用球面进行密封，简单可靠； 2. 焊接工艺必须保证质量，必须采用厚壁钢管，装拆不便
卡套式管接头	油管　卡套	1. 用卡套卡住油管进行密封，轴向尺寸要求不严，装拆简便； 2. 对油管径向尺寸精度要求较高，为此要采用冷拔无缝钢管
扩口式管接头	油管　管套	1. 用油管管端的扩口在管套的压紧下进行密封，结构简单； 2. 适用于铜管、薄壁钢管、尼龙管和塑料管等低压管道的连接
扣压式管接头		1. 用来连接高压软管； 2. 在中、低压系统中应用
固定铰接管接头	螺钉 组合垫圈 接头体 组合垫圈	1. 是直角接头，优点是可以随意调整布管方向，安装方便，占空间小； 2. 接头与管子的连接方法，除本图卡套式外，还可用焊接式； 3. 中间有通油孔的固定螺钉把两个组合垫圈压紧在接头体上进行密封

（二）过滤装置

液压传动系统中所使用的液压油将不可避免地含有一定量的某种杂质。例如：有残留在液压系统中的机械杂质；有经过加油口、防尘圈等处进入的灰尘；有工作过程中产生的杂质，如密封件受液压作用形成的碎片、运动件相互摩擦产生的金属粉末、油液氧化变质产生的胶质、沥青质、炭渣等。这些杂质混入液压油以后，随着液压油的循环作用，会导致液压元件中相对运动部件之间的间隙、节流孔和缝隙堵塞或运动部件被卡死；破坏相对运动部件之间的油膜，划伤间隙表面，增大内部泄漏，降低效率，增加发热，加剧油液的化学作用，使油液变质。根据实际统计数字可知，液压系统中 75% 以上的故障是由于液压油中混入杂质造成的。因此，维护油液的清洁，防止油液的污染，对液压系统是十分重要的。

1. 对过滤器的基本要求

过滤器是由滤芯和壳体组成的，其图形符号如图 2-3 所示。过滤器就是靠滤芯上面的微小间隙或小孔来阻隔混入油液中杂质的。对过滤器的基本要求包括：

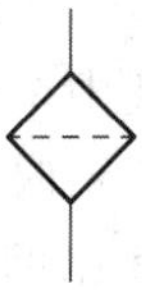

（1）满足液压系统对过滤精度的要求。

过滤器的过滤精度是指油液通过过滤器时，滤芯能够滤除的最小杂质颗粒的大小，以其公称尺寸 d 来表示。一般将过滤器分为 4 类：粗的（$d \geqslant 0.1\,\text{mm}$）、普通的（$0.1\,\text{mm} \geqslant d \geqslant 0.01\,\text{mm}$）、精的（$0.01\,\text{mm} \geqslant d \geqslant 0.005\,\text{mm}$）、特精的（$0.005\,\text{mm} \geqslant d \geqslant 0.001\,\text{mm}$）。

图 2-3　过滤器的图形符号

（2）满足液压系统对过滤能力的要求。

过滤器的过滤能力是指在一定压力差作用下允许通过过滤器的最大流量的大小，一般用过滤器的有效滤油面积来表示。

（3）过滤器应具有一定的机械强度。

制造过滤器所采用材料应保证在一定的工作压力下不会因液压力的作用而受到破坏。

2. 过滤器的类型及特点

过滤器按过滤精度来分，可分为粗过滤器和精过滤器两大类；按滤芯的结构，可分为网式、线隙式、磁性、烧结式和纸质等；按过滤的方式，可分为表面型、深度型和中间型过滤器。

1）网式过滤器

如图 2-4 所示，网式过滤器由一层或两层铜丝网 1 包围着四周有很大窗口的金属或塑料骨架 2 构成。它一般安装在液压系统的吸油口 3 上，用作液压棒的粗滤。其特点是结构简单，通油性能好，压力损失小（一般为 0.025 MPa 左右）；但是它的过滤精度较低，使用时铜质滤网会使油液氧化过程加剧，因此需要经常清洗。

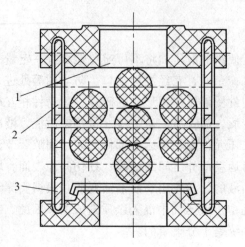

1—铜丝网；2—塑料骨架；3—吸油口。

图 2-4　网式过滤器

2）线隙式过滤器

如图 2-5 所示，线隙式过滤器的滤芯由铜丝绕成，依靠铜丝间的间隙起到滤除混入油液中杂质的作用。它分为压油管路用过滤器和吸油管路用过滤器两种。它用于吸油管路时，可将滤芯部分直接浸入油液中。其特点是结构简单，通油能力大，过滤精度比网式过滤器高；缺点是不易清洗。因此，线隙式过滤器常用于低压回路（<2.5 MPa）。

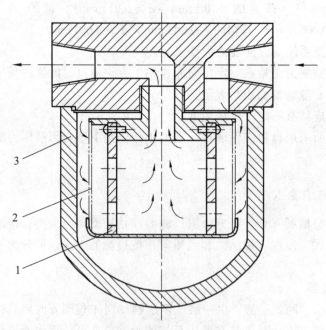

1—骨架；2—铜丝；3—外壳。

图 2-5　线隙式过滤器

3）纸芯式过滤器

如图 2-6 所示，纸芯式过滤器的滤芯由平纹或皱纹的酚醛树脂或木浆微孔滤纸组成，滤芯围绕在骨架上。为了提高滤芯的强度，一般的滤芯可分为三层：外层采用粗眼钢板网；中层为折叠成 W 形的滤纸；里层由金属丝网与滤纸一并折叠在一起。滤芯的中央还装有支撑弹簧。其特点是过滤精度高，结构紧凑，质量小，通油能力大，工作压力可达 38 MPa；缺点是不能清洗，需要经常更换滤芯。

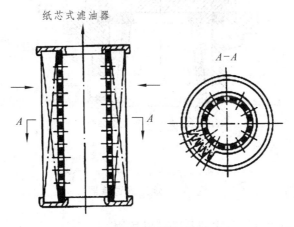

图 2-6 纸芯式过滤器

4）磁性过滤器

如图 2-7 所示，磁性式过滤器是用来滤除混入油液中的铁磁性杂质的，特别适用于经常加工铸件的机床液压系统中。磁性式过滤器的滤芯还可以与其他过滤材料（如滤纸、铜网等）构成组合滤芯。

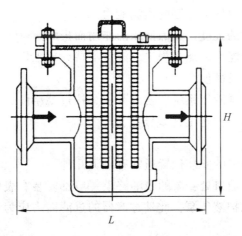

图 2-7 磁性过滤器

5）烧结式过滤器

如图 2-8 所示，烧结式过滤器的滤芯由青铜颗粒通过粉末冶金烧结工艺高温烧结而成，利用颗粒间的微孔滤除油液中的杂质。它的压力损失一般为 0.03 ~ 0.2 MPa。它的主要特点是过滤精度较高（10 ~ 100 μm），强度大，承受热应力和冲击性能好，能在较高温度下工作，有良好的抗腐蚀性。其缺点是易堵塞，难清洗，使用中烧结颗粒容易脱落。

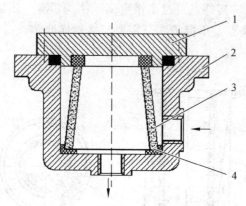

1—密封盖；2—壳体；3—滤芯；4—支垫。

图 2-8　烧结式过滤器

思考：不同类型的过滤器之间是否可以替用？

3. 过滤器的选用和安装

1）选　用

选用滤油器时，要考虑下列几点：

（1）过滤精度应满足预定要求。

（2）能在较长时间内保持足够的通流能力。

（3）滤芯具有足够的强度，不因液压的作用而损坏。

（4）滤芯抗腐蚀性能好，能在规定的温度下持久地工作。

（5）滤芯清洗或更换简便。

因此，滤油器应根据液压系统的技术要求，按过滤精度、通流能力、工作压力、油液黏度、工作温度等条件选定其型号。

2）安　装

滤油器在液压系统中的安装位置通常有以下几种：

（1）安装在泵的吸油口处：泵的吸油路上一般都安装有表面型过滤器，目的是滤去较大的杂质微粒以保护液压泵，此外过滤器的过滤能力应为泵流量的两倍以上，压力损失小于 0.02 MPa。

（2）安装在泵的出口油路上：此处安装滤油器的目的是用来滤除可能侵入阀类等元件的污染物。其过滤精度应为 10 ~ 15 μm，且能承受油路上的工作压力和冲击压力，压力降应小于 0.35 MPa。同时应安装安全阀以防过滤器堵塞。

（3）安装在系统的回油路上：这种安装起间接过滤作用，一般与过滤器并连安装一背压阀，当过滤器堵塞达到一定压力值时，背压阀打开。

（4）安装在系统分支油路上。

（5）单独过滤系统。

大型液压系统可专设一液压泵和过滤器组成独立过滤回路。

液压系统中除了整个系统所需的过滤器外，还常常在一些重要元件（如伺服阀、精密节流阀等）的前面单独安装一个专用的精过滤器来确保它们的正常工作。

图 2-9 所示为过滤器的图形符号与安装位置。

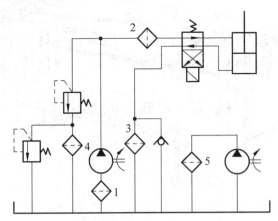

图 2-9　过滤器的图形符号与安装位置

（三）油　箱

1. 油箱的功用

油箱的功用是储存液压系统所需足够的油液（液压液）、散发油液中的热量、沉淀油液中的污染物和释放溶入油液中的气体。

油箱可分为开式油箱和闭式油箱。开式油箱通过空气过滤器与大气连通；闭式油箱完全与大气隔绝，箱体内设置气囊或者弹簧活塞对箱中油液施加一定压力。

油箱的容积必须保证在设备停止运转时，系统中的油液在自重作用下能全部返回液压油油箱。油箱的有效容积（液面高度只占液压油油箱高度80%时的油箱容积）一般要大于泵每分钟流量的3倍（行走装置为1.5~2倍）。通常低压系统中，油箱有效容积取为每分钟流量的2~4倍，中高压系统为每分钟流量的5~7倍；若是高压闭式循环系统，其油箱的有效容积应由所需外循环油或补充油油量的多少而定；对工作负载大，并长期连续工作的液压系统，油箱的容量需按液压系统的发热量，通过计算来确定。

2. 油箱的基本结构

如图 2-10 所示，油箱内部用隔板 7、9 将吸油管 1 与回油管 4 隔开。顶部、侧部和底部分别装有滤油网、油位计和排放污油的放油阀。

3. 油箱设计与检修的注意事项

（1）吸油管与回油管间的距离应尽量远些。用隔板将吸油侧与回油侧分开，以增加油箱内油液的循环距离，有待于油液冷却和释放油中气泡，并使杂质多沉淀在回油管侧，隔板高度为油面高度的 3/4。

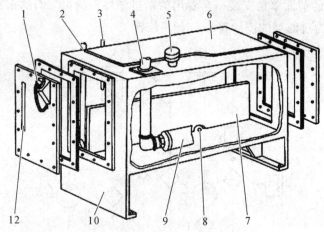

1—注油口；2—回油管；3—泄油管；4—吸油管；5—空气滤清器；6—安装板；7—隔板；
8—放油口；9—过滤器；10—清洗窗；11—液位计。

图 2-10　开式液压油箱

（2）油管入口处应装粗过滤器。在最低液面时，过滤器和回油管端均应没入油中，以免液压泵吸入空气或回油混入气泡。回油管端应切成 45°切口，并面向箱壁。管端与箱底、壁面间的距离均不宜小于管径的 3 倍。

（3）为防止脏物进入油箱，油箱上各盖板、管口处都要妥善密封。注油器上要加滤网。通气孔上须设置空气过滤器。

（4）为了更好地散热和便于维护，箱底与地面距离至少应在 150 mm 以上。箱底应适当倾斜，在最低部位设置放油阀。箱体上在注油口的附近须设液位计。

（5）一般大尺寸油箱要加焊角板、筋条，以增加刚性。当液压泵及其驱动电机和其他液压件都要装在油箱上时，油箱顶盖要相应加厚。大容量油箱的侧壁通常要开清洗窗口，清洗窗口平时用侧盖密封，清洗时再取下。

（6）油箱中如果需要安装热交换器，必须考虑好它的安装位置，以便测温、控制等措施。

4. 油箱与液压泵的安装

单独油箱的液压泵和电动机的安装有两种方式：卧式[见图 2-11（a）]和立式[见图 2-11（b）]。

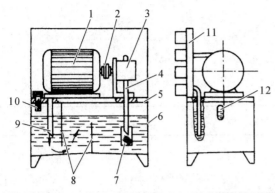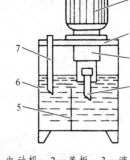

1—电动机；2—联轴器；3—液压泵；4—吸油管；5—盖板；
6—油箱体；7—过滤器；8—隔板；9—回油管；
10—加油口；11—控制阀连接板；12—液位计。

（a）液压泵卧式安装的油箱

1—电动机；2—盖板；3—液压泵；
4—吸油管；5—隔板；6—油箱体；
7—回油管。

（b）液压泵立式安装的油箱

图 2-11　液压泵的安装

安装卧式液压泵时，液压泵及油管接头露在油箱外面，安装和维修较方便；安装立式液压泵时，液压泵和油管接头均在油箱内部，便于收集漏油，油箱外形整齐，但维修不方便。

七、自我检测

（1）液压系统通过_____来传送工作液体，用_____把油管与油管或油管与元件连接起来。

（2）油箱的功用是_____。

（3）请简述过滤器的基本要求。

_____

_____

_____

（4）油管安装时应注意哪些问题？

_____

_____

_____

_____

八、任务实施

1. 学生分组

_____

_____

2. 搜集资料

_____

_____

_____

_____

3. 制订计划

_____

_____

_____

_____

4. 决　策

_____

_____

5. 任务实施
油箱设计与检修的注意事项：

_____

_____

_____

_____

_____

_____

九、验收（任务评价）

1. 小组自评

_____

_____

2. 小组互评

_____

_____

3. 教师点评

_____

_____

十、课后作业

在液压系统中，如果滤油器的容量太小，易引起哪些故障？

_____

_____

_____

_____

十一、知识拓展

为了提高液压系统的工作性能和效率，防止泄漏，除了对相关部件进行严格的安装之外，液压系统中在可能发生泄漏的部位需要安装密封装置。密封装置的种类很多，最常用的是橡胶密封圈，它既可用于静密封，也可用于动密封。下面介绍几种常用的橡胶密封圈。

1. O 形密封圈

O 形密封圈截面为圆形。其特点是结构简单，安装尺寸小，使用方便，摩擦阻力小，价格低，故应用十分广泛。

2. 唇形密封圈

唇形密封圈工作时唇口对着有压力的一边，当工作介质压力等于零或很低时，靠预压缩密封，压力高时由介质压力的作用将唇边紧贴密封面密封。按其截面形状可分为 Y 形、YX 形、V 形、U 形、L 形和 J 形等多种，主要用于动密封。

子任务三　气源装置

一、教学目标

1. 知识目标

（1）了解空气的特性；
（2）了解气压传动系统对压缩空气的要求；
（3）掌握气源装置的组成及作用；
（4）掌握气源调节装置的结构、工作原理及使用。

2. 能力目标

（1）能识别气源装置组成部分的图形符号；
（2）能简述气源装置的工作过程；
（3）能分析气源调节装置的工作原理。

3. 素质目标

（1）培养学生对液压与气动系统的学习兴趣；
（2）养成良好的学习习惯；
（3）培养学生的自学能力。

二、教学重难点

1. 重　点

（1）气源装置的组成及作用；
（2）气源调节装置的结构、工作原理及使用；

2. 难　点

（1）气源装置的组成及作用；
（2）气源调节装置的结构、工作原理。

三、思政环节

曲轴（见图 2-12）是汽车发动机的一个重要零件。在生产中，它通常是利用空气锻压机对材料进行反复锻打加工，从而获得所需的形状。

图 2-12　曲轴

四、新课导入

在自动化面包机生产过程中，如果采用液压传动系统，会因其存在油液泄漏等情况而导致面包污染，故它不适用于面包及其他食品制造等对环境要求高的生产场合。这时就需要采用气动系统。气动系统的组成部分与液压系统的组成部分相似，但是气动系统又有其自身的特点。

五、布置任务

大技师精密机械设计有限公司接到新订单，为某公司口罩生产线进行改良，优化系统，作为技术人员之一，你负责的是气源装置这一块，请你梳理相关知识。

六、学习资料

（一）空气的特性

1. 空气的组成

自然界的空气是由若干种气体混合而成的。空气中常含有一定量的水蒸气，这种含有水蒸气的空气称为湿空气，而不含有水蒸气的空气称为干空气。标准状态下干空气的组成见表 2-6。

表 2-6　标准状态下干空气的组成

比值	成　分				
	氮（N₂）	氧（O₂）	氢（H₂）	二氧化碳（CO₂）	其他气体
体积分数/%	78.03	20.93	0.932	0.03	0.078
质量分数/%	75.5	23.10	1.28	0.045	0.075

2. 空气的基本性质

1）密度和质量体积

单位体积内的空气质量称为密度，用 ρ 表示，即

$$\rho = \frac{m}{V} \tag{2-8}$$

式中　m——空气的质量（kg）；

　　　V——空气的体积（m³）。

单位质量空气的体积称为质量体积（比体积），用 v 表示，可见 $v = 1/\rho$，单位为 m²/kg。

2）压缩性

一定质量的气体，由于压力改变而导致气体容积发生变化的现象，称为气体的可压缩性。由于气体分子间的距离大，分子间的内聚力小，体积也容易变化，体积随压力和温度的变化而变化，因此气体与液体相比有明显的可压缩性。气体容易压缩，有利于储存，但难以实现气缸内平稳和低速运动。

思考：为什么空气容易被压缩？

3）黏性

气体质点相对运动时产生阻力的性质称为气体的黏性。空气黏性的变化主要受温度变化的影响，且随温度的升高而增大，这主要是因为温度升高后，空气内分子运动加剧，使原本间距较大的分子之间碰撞增多。而压力的变化对黏性的影响很小，且可忽略不计。通常情况下，可将空气视为理想气体。所谓理想气体是假设气体分子的体积为零，且分子之间没有吸引力的假想气体。空气的运动黏度与温度间的关系见表 2-7。

表 2-7　空气的运动黏度与温度间的关系

$t/℃$	0	5	10	20	30	40	60	80	100
$v/(×10^{-4}m^2 \cdot s^{-1})$	0.133	0.142	0.147	0.157	0.166	0.176	0.196	0.21	0.238

3. 湿空气

空气中含有水分的多少会直接影响气动系统的工作稳定性和寿命。若空气的湿度较大，即空气中含有的水蒸气量较多，则此湿空气在一定的温度和压力条件下，就会

在气动系统的局部管道、气动元件中凝结成水滴，使气动元件和管道腐蚀和生锈，缩短使用寿命，甚至导致系统工作失灵。因此，气动系统对空气的含水量有明确的规定，并采取必要的措施防止水分进入系统。通常在空气压缩机输出口的后面装置冷却、过滤、干燥等设备，以除去压缩空气中的水分等杂质，提高压缩空气的质量。

探究活动：空气能否被压缩？

[材料准备：每组两个注射器、学生活动手册]

（1）出示注射器，认识注射器各部分的名称。

提问：用手握住的地方叫什么？（预设：针筒）针筒上面还有什么？（预设：刻度）这个可以动的部分叫什么？（预设：活塞）

（2）教师演示抽一段空气，然后让学生预测。

提问：现在老师用手指堵住针筒口，如果把活塞往里推，手不放开，你觉得推得动吗？（预设：推得动或者推不动）如果能推得动，能推倒哪里？提问：如果把活塞往外拉呢？（预设：拉得动或者拉不动）

（3）学生预测后教师演示，提示用力不能太大，看与学生猜想一样吗？

（4）大屏出示活动手册，指导学习如何记录。

（5）学生活动（每人依次做一遍）。

① 出示活动要求。

② 按要求活动并填写活动记录第二部分关于空气的内容。

③ 讨论，交流汇报：能不能压缩？压缩的程度怎么样？扩张的程度是多少？

（二）气动系统对压缩空气的要求

气动系统对压缩空气具有一定的要求：

（1）要求压缩空气具有一定的压力和足够的流量。

因为压缩空气是气动系统传递动力的介质，没有一定的压力不但不能保证执行机构产生足够的推力，甚至连控制机构也难以正确地工作；而没有足够的流量就无法保证对执行机构动作速度和程序的要求等。

（2）要求压缩空气具有一定的清洁度和干燥度。

清洁度是指气源中含油量、含灰尘杂质的质量及颗粒大小都要控制在很低的范围内，如气缸、膜片式气动元件、截止式气动元件都要求杂质颗粒平均直径不大于 50 µm；气动马达、滑阀要求杂质颗粒平均直径不大于 25 mm；气动仪表要求杂质颗粒平均直径不大于 20 µm；射流元件要求杂质颗粒平均直径不大于 10 µm。

干燥度是指压缩空气中含水量的多少，气压传动系统要求压缩空气的含水量越低越好。

没有对气源净化质量上的要求，就会造成元件腐蚀、变形老化、堵塞管道，影响气动系统的工作寿命和动作的准确性，甚至会使装置失灵，产生故障。因此，气源装置系统必须设置除油器、干燥器、除尘器等提高压缩空气净化程度的辅助设备。

（三）气源装置

1. 气源装置的组成

气源装置是一套用来产生具有足够压力和流量的压缩空气并将其净化、处理及储存的装置。常见气源装置的组成如图 2-13 所示。

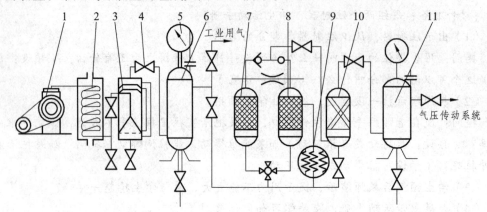

1—空气压缩机；2—冷却器；3—油水分离器；4—阀门；5—压力计；6，11—储气罐；
7，8—干燥器；9—加热器；10—空气过滤器。

图 2-13　气源装置的组成

气源装置一般由四个部分组成：气压发生装置，净化、储存压缩空气的装置和设备，传输压缩空气的管道系统，气压传动三大件。

2. 气源装置的工作过程

气源装置的工作过程如图 2-14 所示。

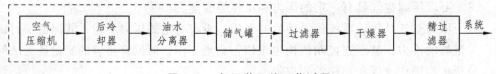

图 2-14　气源装置的工作过程

3. 空气压缩机

空气压缩机是气动系统的动力源。一般有活塞式、膜片式、叶片式、螺杆式等几种类型，其中最常用的机型为活塞式压缩机。在选择空气压缩机时，其额定压力应等于或略高于所需要的工作压力。其流量以气动设备最大耗气量为基础，并考虑管路、阀门泄漏量以及各种气动设备是否同时连续用气等因素。

4. 后冷却器

后冷却器安装在压缩机的出口处。它可以将压缩机排出的压缩气体温度由 120 ~ 150 ℃ 降至 40 ~ 50 ℃，使其中的水汽、油雾凝结成液滴，经除油器析出。

后冷却器常采用水冷换热装置，其结构形式有列管式、散热片式、套管式、蛇管式和板式等。其中，蛇管式冷却器最为常用。

5. 除油器

除油器也称为油水分离器，其作用是将压缩空气中凝聚的水分和油分等杂质分离出来，使压缩空气得到初步净化。

其结构形式有环形回转式、撞击折回式、离心旋转式和水浴式等。

撞击折回并环形回转式除油器如图 2-15 所示。压缩空气自入口进入除油器后，因撞击隔板而折回向下，继而又回升向上，形成回转环流，使水滴、油滴和杂质在离心力和惯性力作用下从空气中分离并析出，沉降于除油器的底部经排污阀排出。

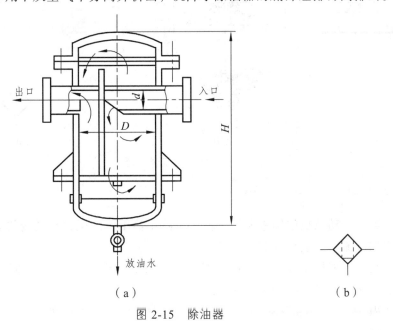

（a） （b）

图 2-15 除油器

6. 干燥器

干燥器的作用是为了满足精密气动装置用气的需要，把已初步净化的压缩空气进一步净化，吸收和排出其中的水分、油分及杂质，使湿空气变成干空气。干燥器的形式有吸附式、加热式、冷冻式等几种。

7. 空气过滤器

空气过滤器的作用是滤除压缩空气中的水分、油滴及杂质，以达到气动系统所要求的净化程度。它的基本结构如图 2-16 所示。压缩空气从输入口进入后被引入旋风叶子 1，旋风叶子上有很多小缺口，迫使空气沿旋风叶子的切线方向强烈旋转，夹杂在空气中的水滴、油滴和杂质在离心力的作用下被分离出来，沉积在存水杯底，而气体经过中间滤芯时，又将其中的微粒杂质和雾状水分滤下，使其沿挡水板流入杯底，洁净空气便可经出口输出。

选取空气过滤器的主要依据是系统所需要的流量、过滤精度和容许压力等参数，空气过滤器与减压阀、油雾器一起构成气源的调节装置（气动三联件）。空气过滤器通常垂直安装在气动设备的入口处，进、出气孔不得装反，使用中要注意。

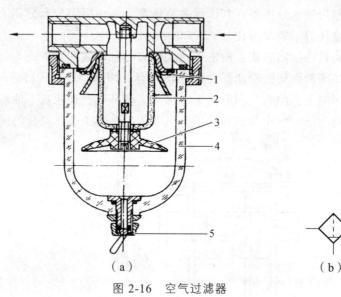

（a） （b）

图 2-16 空气过滤器

8. 储气罐

储气罐是气动系统中用来调节气流，以减小输出气流压力脉动变化的装置。它可以使输出的气流具有连续性和稳定性。

已知空气压缩机排气流量为 q_V，所需储气罐的容积 V_c 可参考下列经验公式：

（1）当 $q_V < 6\ \mathrm{m^3/min}$ 时，$V_c = 0.2q_V$。

（2）当 $q_V = 6 \sim 30\ \mathrm{m^3/min}$ 时，$V_c = 0.15q_V$。

（3）当 $q_V > 30\ \mathrm{m^3/min}$ 时，$V_c = 0.1q_V$。

（四）气源调节装置（见图 2-17）

1. 气源调节装置的组成

图 2-17 气源调节装置

常用的气源调节装置分为三联件和二联件。三联件由过滤器、减压阀和油雾器三部分组成，二联件相比三联件少了油雾器。

2. 气源调节装置的图形符号（见图 2-18）

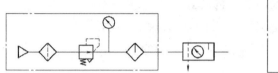 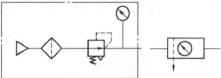

（a）三联件组合符号与简化符号　　　　（b）二联件组合符号与简化符号

图 2-18　气源调节装置的图形符号

3. 三联件的工作原理及使用

1）三联件的工作原理（见图 2-19）

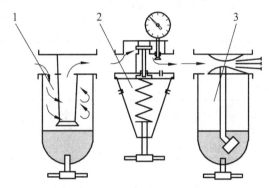

1—过滤器；2—减压阀；3—油雾器。

图 2-19　气动三联件的工作原理

其中减压阀可对气源进行稳压，使气源处于恒定状态，可减小因气源气压突变时对阀门或执行器等硬件的损伤。过滤器用于对气源的清洁，可过滤压缩空气中的水分，避免水分随气体进入装置。油雾器可对机体运动部件进行润滑，可以对不方便加润滑油的部件进行润滑，大大延长机体的使用寿命。

2）三联件的使用说明

（1）过滤器排水有压差排水与手动排水两种方式。手动排水时当水位达到滤芯下方水平之前必须排出。

（2）压力调节时，在转动旋钮前应先拉起再旋转，压下旋转钮为定位。旋转钮向右为调高出口压力，向左旋转为调低出口压力。调节压力时应逐步均匀地调至所需压力值，不应一步调节到位。

（3）给油器的使用方法：给油器使用 JIS K2213 输机油（ISO Vg32 或同级用油）。加油量不要超过杯子容量的 80%。数字 0 为油量最小，9 为油量最大。不能自 9→0 位置旋转，须顺时针旋转。

3）三联件的使用注意事项

（1）部分零件使用 PC（聚碳酸酯）材质，禁止接近或在有机溶剂环境中使用。PC杯清洗应用中性清洗剂。

（2）使用压力不能超过其使用范围。

（3）当出口风量明显减少时，应及时更换滤芯。

七、自我检测

（1）构成气源装置的核心元件是_____。

（2）三联件由_____、_____和_____三部分组成。

（3）空气压缩机是将电动机传出的_____能转化成压缩空气的_____能的装置。

（4）空气黏性的变化主要受_____的影响。

（5）请简单阐述液压与气动系统各自的特点。

_____

_____

_____

_____

_____

八、任务实施

1. 学生分组

_____

_____

2. 搜集资料

_____

_____

_____

_____

_____

3. 制订计划

_____

_____

_____

_____

4. 决　策

_____

_____

5. 任务实施

知识梳理：_____

_____

_____

_____

九、验收（任务评价）

1. 小组自评

_____

_____

2. 小组互评

_____

_____

3. 教师点评

_____

_____

十、课后作业

搜集资料，画出气源装置组成部分的图形符号并列出其功能。

图形符号：

功能：_____

_____

_____

_____

_____

_____

_____

十一、知识拓展

工厂完整的集中供气流程

集中供气系统是应工业发展需求，出现的一种现代化供气方式，这种通过管路将气源统一输送到用气点的供气方式，对提高工厂的生产效率具有极大的帮助，同时集中供气系统可以应用于二氧化碳、乙炔、丙烷等各类气体的供应上，适应性广。

集中供气系统大体可以拆分为集中供气站、输气管道和用气终端三个部分。

集中供气站主要用来存放气源，如果使用气态气源，可以直接使用气体汇流排将气源从气瓶中汇流，汇流排中的减压、过滤器可以有效实现气源的减压、过滤，增强气源的洁净；若使用的为液态气源就需要在汇流排前增设一个汽化器，通过空气温度促使液化气转化为气态，之后再进行减压处理。而若工厂需要使用混合气，就更需要使用集中供气系统，利用专门的混合气体配比柜，进行混合气高精度、混合均匀的大量生产，以供车间使用。

集中供气系统的用气终端就是安装在用气点附近的气体接头箱，待气体经过输气管道进入接头箱后，内部的减压阀会进行二次减压稳压，并将气路分流，来供给多个工位工作用气。

子任务四　压缩空气的使用及处理

一、教学目标

1. 知识目标

（1）了解气缸的分类及特点；
（2）掌握气缸的使用注意事项；
（3）掌握消声器的作用；
（4）掌握消声器的结构及工作原理；
（5）了解压缩气体在实际生活中有着非常广泛的应用。

2. 能力目标

（1）能正确认识气缸及区分不同的气缸；
（2）能分析消声器的工作原理。

3. 素质目标

（1）培养学生对液压与气动系统的学习兴趣；
（2）养成良好的学习习惯；
（3）培养学生的自学能力。

二、教学重难点

1. 重　点

（1）气缸的使用注意事项；
（2）消声器的结构及工作原理。

2. 难　点

消声器的结构及工作原理。

三、思政环节

2008 年 9 月 27 日，北京时间 16:41—17:00，神舟七号航天员翟志刚成功完成了我国历史上第一次太空行走，标志着中国成为继美苏后第三个独立掌握空间出舱技术的国家。16:48，翟志刚在太空迈出第一步，经过 10 min 的太空漫步后，16:58，北京航天飞控中心发出指令："神舟七号，返回到轨道舱。"16:59，翟志刚结束太空行走，返回轨道舱。科技进步，推动了社会的发展，同时也推动了强国发展道路。

四、新课导入

压缩空气一般是作为一种动力源，应用很广：驱动气缸，产生直线运动；驱动气动马达，产生旋转运动；驱动射流元件，进行运算和控制；利用其携带某些物质，完成工作，如喷砂清理、喷药、喷水清洗和喷漆；利用其可压缩特性，起缓冲弹簧作用，如气体弹簧、缓冲垫等。

五、布置任务

我公司为保证生产质量和正常生产秩序，现委托技术部门将库存气缸一一进行检测，测试其质量是否合格，能否正常工作，并需将消音器安装在气动电磁换向阀上，以作备用。

六、学习资料

（一）气　缸

气动系统常用的执行元件为气缸和气马达。它是将气体的压力能转化为机械能的元件。气缸用于实现直线往复运动，输出力和直线位移。气马达用于实现连续回转运动，输出力矩和角位移。

1. 气缸的分类

（1）按压缩空气作用在活塞端面上的方向，可分为单作用气缸和双作用气缸。

（2）按结构特点，可分为活塞式气缸、叶片式气缸、薄膜式气缸和气液阻尼缸等。

（3）按安装方式，可分为耳座式、法兰式、轴销式和凸缘式。

（4）按气缸的功能，可分为普通气缸和特殊气缸。普通气缸主要指活塞式单作用气缸和双作用气缸。

特殊气缸包括气液阻尼缸、薄膜式气缸、冲击式气缸、增压气缸、步进气缸和回转气缸等。

气缸的图形符号如图 2-20 所示。

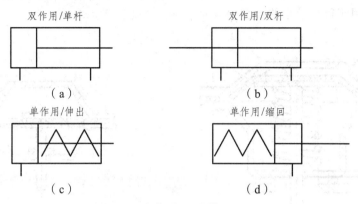

双作用/单杆

（a）

双作用/双杆

（b）

单作用/伸出

（c）

单作用/缩回

（d）

图 2-20　气缸的图形符号

2. 常用气缸的特点

1）普通气缸

普通气缸主要由缸筒、活塞、活塞杆、前后端盖及密封件等组成。图 2-21 所示为双作用气缸的结构，普通气缸的结构与普通液压缸的结构很相似。此类气缸的使用最为广泛，一般应用在包装机械、食品机械、加工机械等设备上。

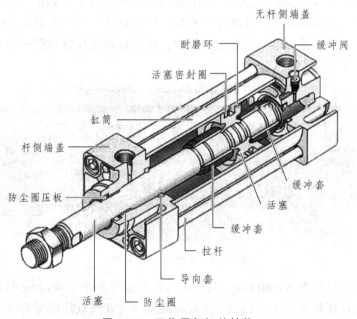

无杆侧端盖

耐磨环

缓冲阀

活塞密封圈

缸筒

杆侧端盖

缓冲套

防尘圈压板

活塞

缓冲套

拉杆

导向套

活塞

防尘圈

图 2-21　双作用气缸的结构

2）薄膜气缸

如图 2-22 所示，薄膜气缸主要由缸体、膜片、膜盘和活塞杆等组成，它是利用压缩空气通过膜片推动活塞杆做往复直线运动的。图 2-22（a）是单作用式薄膜气缸，需借助弹簧力回程；图 2-22（b）是双作用式薄膜气缸，靠气压回程。膜片的形状有盘形和平形两种，材料是夹物橡胶、钢片或磷青铜片。第一种材料的膜片较常见，金属膜片只用于行程较小的气缸中。

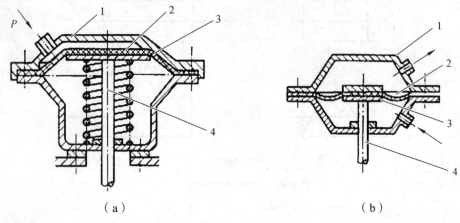

（a）   （b）

1—缸体；2—膜片；3—膜盘；4—活塞杆。

图 2-22　薄膜气缸的结构

3）无杆气缸

无杆气缸不具有普通气缸的刚性活塞杆，它是利用活塞直接或间接实现往复直线运动的。图 2-23 所示为无杆气缸的结构。在气缸筒轴向开有一条槽，在气缸两端设置空气缓冲装置。活塞带动与负载相连的滑块在槽内移动，并借助缸体上的管状沟槽防止其发生旋转。为满足防泄漏和防尘的需要，在开口部将聚氨酯密封带和防尘不锈钢带固定在两侧端盖上。

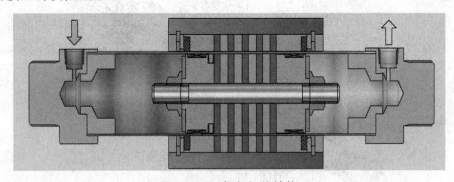

图 2-23　无杆气缸的结构

无杆气缸的缸径为 8 ~ 80 mm，其最大行程在缸径不小于 40 mm 时可达 6 m。无杆气缸的运动速度较高，可达 2 m/s。负载和活塞是与在气缸槽内运动的滑块连接在一起的，因此，在使用过程中必须考虑滑块上所承受的径向和轴向负载。为了增加气缸的承载能力，必须增加导向机构。若需用无杆气缸构成气动伺服定位系统，可采用具有内置式位移传感器的无杆气缸。这种气缸的最大优点是节省了安装空间，特别适用于小缸径、长行程的场合，并广泛应用在自动化系统、气动机器人中。

3. 气缸的使用

使用气缸时应注意以下几点：

（1）根据工作任务，选择气缸的结构形式、安装方式并确定活塞杆的推力和拉力；

（2）为避免活塞与缸盖的频繁冲击，行程余量通常为 30 ~ 100 mm；

（3）气缸工作速度在 0.5 ~ 1 m/s；工作压力为 0.4 ~ 0.6 MPa；环境温度在 5 ~ 60 ℃；低温时，需要采取必要的防冻措施，以防止系统中的水分出现冻结现象。

（4）装配时要在所有密封件的相对运动工作表面涂上润滑脂；注意动作方向，活塞杆不允许承受偏心负载或横向负载；气缸在 1.5 倍的压力下进行试验不应有漏气现象。

思考：公交车的车门开关（见图 2-24）就是应用压缩气体来工作的，车门是如何被打开和关闭的？

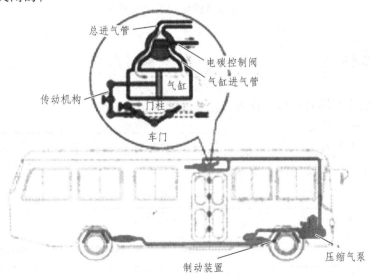

图 2-24　公交车的车门开关

（二）消声器

消声器的作用是消除或降低因压缩气体高速通过气动元件时产生的刺耳噪声。

膨胀干涉吸收型消声器的基本结构和图形符号如图 2-25 所示。气流经对称斜孔分成多束进入扩散室 A 后得以继续膨胀，减速后与反射套发生碰撞，然后反射到 B 室中，在消声器的中心部位，气流束间发生互相撞击和干涉。当两个声波相位相反时，声波的振幅通过互相削弱作用以达到消耗声能的目的。最后，声波通过消声器内壁的消声材料，使残余声能因与消声材料的细孔发生相互摩擦而转变为热能，再次达到降低声强的效果。为避免这一过程影响控制阀切换的速度，在选择消声器时，要注意使排气阻力不能太大。

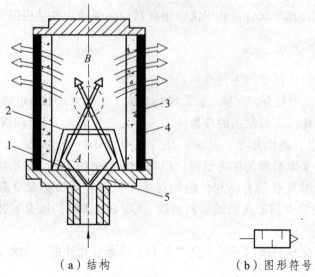

（a）结构　　　　　（b）图形符号

图 2-25　消音器的结构与图形符号

七、自我检测

（1）气动系统常用的执行元件为_____和_____。

（2）消声器的作用是_____。

（3）气缸用于实现_____运动，输出_____和_____。

（4）请简述气缸的使用注意事项。

_____

_____

_____

_____

_____

_____

八、任务实施

1. 学生分组

_____

2. 搜集资料

_____

_____

_____

_____

3. 制订计划

_____

_____

_____

_____

4. 决　策

_____

_____

5. 任务实施

_____

_____

九、验收（任务评价）

1. 小组自评

_____

_____

2. 小组互评

_____

_____

3. 教师点评

_____

_____

十、课后作业

请找出生活生产中消声器应用的 3 个实际案例：

_____

_____

_____

_____

十一、知识拓展

空气压缩机的日常维护及保养事项

压缩机的日常维护及保养，应按照压缩机维护保养手册做好日保养和定期保养。
主要工作是：清洁清洗有关部位、拧紧紧固件、及时更换润滑油、排除油水、检验防护装置等。

任务三

简单故障的分析及处理

一、教学目标

1. 知识目标

（1）掌握管路内液流的压力损失；

（2）了解孔口和缝隙的流量；

（3）熟悉气穴现象和液压冲击；

（4）掌握液压系统简单故障的形成原因。

2. 能力目标

（1）能根据现象判断液压系统的故障情况；

（2）能排除液压系统的简单故障。

3. 素质目标

（1）养成分析问题考虑局部与整体的关系的习惯；

（2）培养学生对液压与气动系统的学习兴趣；

（3）养成良好的学习习惯；

（4）养成团队协作的习惯；

（5）培养学生的自学能力。

二、教学重难点

1. 重　点

（1）掌握管路内液流的压力损失；

（2）掌握液压系统简单故障的形成原因；

（3）能根据现象判断液压系统的故障情况；

（4）能排除液压系统的简单故障。

2. 难　点

（1）能根据现象判断液压系统的故障情况；

（2）能排除液压系统的简单故障。

三、思政环节

液压行业的市场规模与一个国家的经济总量和工业化水平高度相关，美国、中国、德国、日本、意大利分别为液压产品全球前五大消费国。其中，美国和中国市场占比最高，美国液压市场规模占全球的 34%，排名第一，中国液压市场规模略小于美国，全球占比为 28%，如图 3-1 所示。

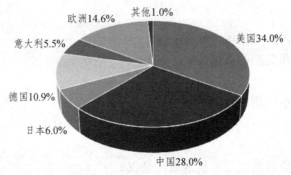

图 3-1　全球液压市场占比

四、新课导入

任何控制系统都有可能因各种原因造成一系列的故障，从而影响控制系统正常工作。作为液压与气动系统技术人员，具备快速查明并排除简单故障能力是非常有必要的。这样能有效地减小因系统故障停工所给工厂或企业带来的生产损失。

这里的简单故障特指系统局部或者小范围的故障，能通过简单的维修或更换元器件快速排除故障，从而保证工厂或企业正常生产秩序。液压系统的简单故障包含局部或单一器件温升过高、油液泄漏过大、出现液压冲击现象等。如果想要快速排除故障就必须掌握故障原因，再选择合理的排除方法。本任务内容就详细介绍了液压系统的各种压力损失、小孔和缝隙流量以及气穴和液压冲击等知识，能帮助学生认识、查找、排除相应的简单故障。

五、布置任务

有客户采购我公司设计的液压系统使用后，该系统出现了局部温度过高、油管接头油液泄漏及液压冲击故障现象。现我公司委派作为售后技术人员的你到达现场，查明故障原因，排除故障并详细记录工作过程。

六、学习资料

（一）常见故障的诊断方法

1. 简易故障诊断法

目前采用最普遍的方法是经验法，具体做法如下：

（1）询问设备操作者，了解设备运行状况。其中包括：液压系统工作是否正常；液压泵有无异常现象；液压油检测清洁度的时间及结果；滤芯清洗和更换情况；发生故障前是否对液压元件进行了调节；是否更换过密封元件；故障前后液压系统出现过哪些不正常现象；过去该系统出现过什么故障，是如何排除的等。

（2）看液压系统的压力、速度、油液、泄漏、振动等是否存在问题。

（3）听液压系统是否有冲击声，听泵有无噪声及异常声，来判断液压系统工作是否正常。

（4）通过摸温升、测振动、观察爬行及连接处的松紧程度来判定运动部件工作状态是否正常。

2. 液压系统原理图分析法

根据液压系统原理图分析液压传动系统出现的故障，找出故障产生的部位及原因，并提出排除故障的方法。结合动作循环表对照分析、判断故障就很容易了。

3. 其他分析法

液压系统发生故障时根据液压系统原理进行逻辑分析或采用因果分析等方法逐一排除，最后找出发生故障的部位。为了便于应用，故障诊断专家设计了逻辑流程图或其他图表对故障进行逻辑判断，为故障诊断提供了方便。

（二）压力损失

由于流动液体具有黏性，以及流动时突然转弯或通过阀口会产生撞击和旋涡，液体流动时必然会产生阻力。为了克服阻力，流动液体会损耗一部分能量，这种能量损失可用液体的压力损失来表示。压力损失由沿程压力损失和局部压力损失两部分组成。

液流在管道中流动时的压力损失与液流运动状态有关。

1. 沿程压力损失

液体在等直径管中流动时因摩擦而产生的损失，称为沿程压力损失。因液体的流动状态不同沿程压力损失的计算有所区别。层流时的沿程压力损失：

$$\Delta \rho_\lambda = \lambda \frac{l}{d} \times \frac{\rho v^2}{2}$$

式中，λ 为沿程阻力系数，对金属管取 $\lambda = 75/\mathrm{Re}$。

湍流时沿程压力损失的公式与层流时相同。

λ 除了与雷诺数有关外，还与管道的粗糙度有关。

$$\lambda = f(\mathrm{Re}, \Delta/d)$$

式中　Δ —— 管壁的绝对粗糙度；

　　　Δ/d —— 相对粗糙度。

2. 局部压力损失

液体流经管道的弯头、接头、阀口等处时，液体流速的大小和方向发生变化，会产生旋涡并发生紊动现象，由此造成的压力损失称为局部压力损失。

$$\Delta p_\xi = \xi \rho v^2 / 2$$

式中，ξ 为局部阻力系数，具体数值可查有关手册。

3. 管路系统中的总压力损失

液流流过各种阀的局部压力损失可由阀在额定压力下的压力损失 Δpnv 来换算：

$$\Delta p_v = \Delta p_N \left(\frac{q_v}{q_{vN}} \right)^2$$

整个液压系统的总压力损失应为所有沿程压力损失和所有的局部压力损失之和。

$$\Sigma \Delta p = \Sigma \Delta p_\lambda + \Sigma \Delta p_\xi + \Sigma \Delta p_v$$

注意：任何形式的压力损失最终会体现在发热现象上来，所以系统的发热程度往往也间接反映了系统压力损失的大小。

（三）孔口和缝隙流量

1. 小孔流量

1）薄壁小孔

当孔的长径比 $l/d \leqslant 0.5$ 时称为薄壁小孔。

当液流经过管道由小孔流出时，由于液体惯性作用，使通过小孔后的液流形成一个收缩断面，然后再扩张，这一收缩和扩张过程会产生很大的能量损失。

如图 3-2 所示，对孔前、孔后通道断面 1—1、2—2 列伯努利方程。

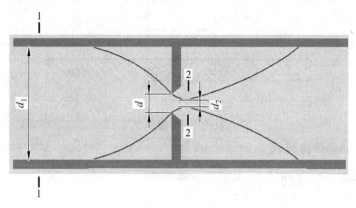

图 3-2　小孔

经整理得到流经薄壁小孔流量：

$$q_v = C_q \cdot A_T \sqrt{\frac{2\Delta p}{\rho}}$$

式中　A_T —— 小孔的过流断面面积；

　　　C_q —— 流量系数，$C_q = C_v C_c$。

流量系数 C_q 的大小一般由实验确定，计算时按 $C_q = 0.60 \sim 0.61$ 选取。

2）短孔和细长孔

当孔的长径比 $0.5 < l/d \leqslant 4$ 时，称为短孔。

雷诺数较大时，C_d 基本稳定在 0.8 左右。当孔的长径比 $l/d > 4$ 时，称为细长孔。流经细长孔的液流，由于黏性而流动不畅，故多为层流。

最后，可以归纳出一个通用公式：

$$q_v = C \cdot A_T \cdot \Delta p^{\varphi}$$

式中　A_T —— 小孔的过流断面面积；

　　　Δp —— 小孔两端压力差；

　　　C —— 由孔的形状、尺寸和液体性质决定的系数；

　　　φ —— 由孔长径比决定的指数，薄壁孔为 0.5，短孔和细长孔为 1。

2. 缝隙流动

1）平板缝隙

如图 3-3 所示，两平行平板缝隙间充满液体时，压差作用会使液体产生流动，即压差流动；两平板相对运动也会使液体产生流动，即剪切流动。

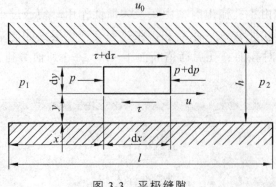

图 3-3 平极缝隙

通过平板缝隙的流量：

$$q_v = \frac{bh^3}{12\mu l}\Delta p \pm \frac{u_0}{2}bh$$

在压差作用下，流量 q_V 与缝隙值 h 的三次方成正比，这说明液压元件内缝隙的大小对泄漏量的影响非常大。

2）环形缝隙

相对运动的圆柱体与孔之间的间隙为圆柱环形缝隙。根据两者是否同心，又分为同心圆柱环形缝隙和偏心环形缝隙。通过其间的流量也包括压差流动流量和剪切流动流量。如图 3-4 所示。设圆柱体直径为 d，缝隙值为 h，缝隙长度为 l。

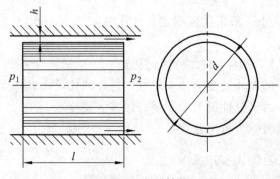

图 3-4 环形缝隙

通过同心圆柱环形缝隙的流量公式：

$$q_v = \frac{\pi dh^3}{12\mu l}\Delta p \pm \frac{\pi dhu_0}{2}$$

当圆柱体移动方向和压差方向相同时取正号，方向相反时取负号。

如图 3-5 所示，设内外圆的偏心量为 e，流经偏心环形缝隙的流量公式：

$$q_v = \frac{\pi dh^3}{12\mu l}\Delta p(1+1.5\varepsilon^2) \pm \frac{\pi dhu_0}{2}$$

式中 $h_。$——内外圆同心时半径方向的缝隙值；

ε——相对偏心率，$\varepsilon = e/h_o$。

当偏心量 $e = h_o$，即 $\varepsilon = 1$ 时为最大偏心状态，其通过的流量是同心环形缝隙流量的 2.5 倍。因此，为减小泄漏，在液压元件中应尽量使配合零件同心。

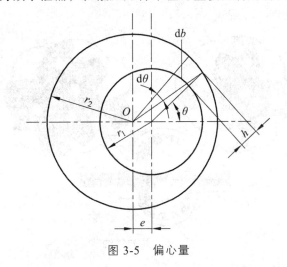

图 3-5　偏心量

（四）液压冲击和气穴气蚀

1. 液压冲击

因某些原因液体压力在一瞬间会突然升高，产生很高的压力峰值，这种现象称为液压冲击。液压冲击的类型有管道阀门突然关闭时的液压冲击和运动部件制动时产生的液压冲击。瞬间压力冲击不仅引起振动和噪声，而且会损坏密封装置、管道、元件，造成设备事故。

减少液压冲击的措施：

（1）延长阀门关闭和运动部件制动换向的时间。

（2）限制管道流速及运动部件的速度。

（3）适当增大管径，以减小冲击波的传播速度。

（4）尽量缩短管道长度，减小压力波的传播时间。

（5）用橡胶软管或设置蓄能器吸收冲击的能量。

2. 气穴现象

液压系统中，当某点压力低于液压油液所在温度下的空气分离压力时，原先溶于液体中的空气会被分离出来，使液体产生大量的气泡，这种现象称为气穴现象。

当压力进一步减小低于液体的饱和蒸汽压时，液体将迅速汽化，产生大量蒸汽气泡使气穴现象更加严重。气穴现象多发生在阀口和泵的吸油口。

（1）气穴现象的危害：大量气泡使液流的流动特性变坏，造成流量和压力不稳定；气泡进入高压区，高压会使气泡迅速崩溃，使局部产生非常高的温度和冲击压力，引起振动和噪声；当附着在金属表面的气泡破灭时，局部产生的高温和高压会使金属表面疲劳，时间一长会造成金属表面的侵蚀、剥落，甚至出现海绵状的小洞穴，即气蚀。这种气蚀作用会缩短元件的使用寿命，严重时会造成故障。

（2）泵的气蚀如图 3-6 所示。

图 3-6　泵的气蚀

（3）减少气穴现象的措施：

① 减小阀孔前后的压力降，一般使压力比 $p_1/p_2 < 3.5$。

② 尽量降低泵的吸油高度，减少吸油管道阻力。

③ 各元件连接处要密封可靠，防止空气进入。

④ 增强容易产生气蚀的元件的机械强度。

七、自我检测

（1）整个液压系统的总压力损失应为所有_____和所有_____之和。

（2）_____，称为沿程压力损失。

（3）当长径比小于_____时称为薄壁小孔。

（4）当长径比_____时称为短孔。

（5）请简述减少液压冲击的措施：

_____

_____

_____

_____

_____ 。

八、任务实施

1. 学生分组

_____

_____

2. 搜集资料

_____

_____

_____

3. 制订计划

_____

_____

_____

4. 决　策

_____

_____

_____

5. 任务实施

在表 3-1 中记录液压系统的故障原因与解决措施。

表 3-1　液压系统排故记录表

序号	故障部位	故障现象	故障原因	解决措施
1	油管	发热		
2	油管接头	液压油泄漏		
3	液压缸	冲击过大		

九、验收（任务评价）

1. 小组自评

_____

_____

_____

2. 小组互评

_____

_____

_____

3. 教师点评

_____

_____

_____

十、课后作业

请简述液压系统原理图分析法：

_____

_____

_____

请列出液压系统总压力损失的表达式：

_____

_____

_____

十一、知识拓展

系统噪声、振动大的消除方法见表 3-2。

表 3-2　系统噪声、振动大的消除方法

故障现象及原因	消除方法
1. 泵中噪声、振动，引起管路、油箱共振	1. 在泵的进出油口用软管； 2. 泵不装在油箱上； 3. 加大液压泵，降低电机转数； 4. 泵底座和油箱下塞进防振材料； 5. 选低噪声泵，采用立式电动机将液压泵浸在油液中
2. 阀弹簧引起的系统共振	1. 改变弹簧安装位置； 2. 改变弹簧刚度； 3. 溢流阀改成外泄油； 4. 采用遥控溢流阀； 5. 完全排出回路中的空气； 6. 改变管道长短、粗细及材质； 7. 增加管夹使管道不致振动； 8. 在管道的某部位装上节流阀
3. 空气进入液压缸引起的振动	1. 排出空气； 2. 对液压缸活塞、密封衬垫涂上二硫化钼润滑脂即可
4. 管道内油流激烈流动的噪声	1. 加粗管道，使流速得到控制； 2. 少用弯头多采用曲率小的弯管； 3. 采用胶管； 4. 油流紊乱处不采用直角弯头或三通； 5. 采用消声器、蓄能器等
5. 油箱有共鸣声	1. 增厚箱板； 2. 在侧板、底板上增设筋板； 3. 改变回油管末端的形状或位置
6. 阀换向产生的冲击噪声	1. 降低电液阀换向的控制压力； 2. 控制管路或回油管路增节流阀； 3. 选用带先导卸荷功能的元件； 4. 采用电气控制方法，使两个以上的阀不能同时换向
7. 压力阀、液控单向阀等工作不良，引起管道振动噪声	1. 适当处装上节流阀； 2. 改变外泄形式； 3. 对回路进行改造，增设管夹

系统压力不正常的消除方法见表 3-3。

表 3-3　系统压力不正常的消除方法

故障现象及原因		消除方法
压力不足	溢流阀、旁通阀损坏	修理或更换
	减压阀设定值太低	重新设定
	集成通道块设计有误	重新设计
	减压阀损坏	修理或更换
	泵、马达或缸损坏、内泄大	修理或更换

故障现象及原因		消除方法
压力不稳定	油中混有空气	堵漏、加油、排气
	溢流阀磨损、弹簧刚性差	修理或更换
	油液污染、堵塞阀阻尼孔	清洗、换油
	蓄能器或充气阀失效	修理或更换
	泵、马达或缸磨损	修理或更换
压力过高	减压阀、溢流阀或卸荷阀设定值不对	重新设定
	变量机构不工作	修理或更换
	减压阀、溢流阀或卸荷阀堵塞或损坏	清洗或更换

系统动作不正常的消除方法见表3-4。

表3-4　系统动作不正常的消除方法

故障现象及原因		消除方法
系统压力正常执行元件无动作	电磁阀中电磁铁有故障	排除或更换
	限位或顺序装置不工作或调得不对	调整、修复或更换
	机械故障	排除
	没有指令信号	查找、修复
	放大器不工作或调得不对	调整、修复或更换
	阀不工作	调整、修复或更换
	缸或马达损坏	修复或更换
执行元件动作太慢	泵输出流量不足或系统泄漏太大	检查、修复或更换
	油液黏度太高或太低	检查、调整或更换
	阀的控制压力不够或阀内阻尼孔堵塞	清洗、调整
	外负载过大	检查、调整
	放大器失灵或调得不对	调整修复或更换
	阀芯卡滞	清洗、过滤或换油
	缸或马达磨损严重	修理或更换
动作不规则	油中混有空气	加油、排气
	指令信号不稳定	查找、修复
	放大器失灵或调得不对	调整、修复或更换
	传感器反馈失灵	修理或更换
	阀芯卡滞	清洗、滤油
	缸或马达磨损或损坏	修理或更换

采购液压泵

一、教学目标

1. 知识目标

（1）掌握泵的种类；
（2）掌握齿轮泵、叶片泵的分类；
（3）掌握齿轮泵、单作用、双作用叶片泵的工作原理；
（4）了解液压泵的应用和使用注意事项。

2. 能力目标

能识读各种泵类的零件图，会根据不同条件选择使用各种液压泵。

3. 素质目标

（1）养成分析问题考虑局部与整体的关系的习惯；
（2）培养学生对液压与气动系统的学习兴趣；
（3）养成良好的学习习惯；
（4）养成团队协作的习惯；
（5）培养学生的自学能力。

二、教学重难点

1. 重 点

（1）掌握齿轮泵、叶片泵的分类；

（2）掌握齿轮泵、单作用、双作用叶片泵的工作原理；

（3）能识读各种泵类的零件图，会根据不同条件选择使用各种液压泵。

2. 难　点

（1）掌握齿轮泵、单作用、双作用叶片泵的工作原理；

（2）能识读各种泵类的零件图，会根据不同条件选择使用各种液压泵。

三、新课导入

液压压力机的工作需要提供动力的部件能够在工作过程中持续产生稳定的压力。

液压系统的动力元件是液压泵。那么，液压泵是如何提供动力的呢？其结构和工作原理是怎样的呢？液压泵种类繁多，我们应该根据什么样的条件，如何正确地选择、使用液压泵呢？

四、布置任务

某工厂需对液压设备动力部分进行改造升级，现委托我公司根据工厂实际需求拟制液压泵采购方案。

要求如下：

（1）第一部分为应用于冲压、剪切的大功率设备，要求液压动力元件输出压力高，工作可靠，便于维护维修，成本低。

（2）第二部分为应用于搬运轻型部件的小功率设备，靠近办公区，要求液压动力元件噪声小，且运行平稳。

五、学习资料

（一）液压泵概述

概念：液压泵是液压动力元件，它是将电动机（或其他原动机）输入的机械能转变成液压能的能量转换装置。

作用：向液压系统提供压力油。

思考：液压泵的作用是从油箱里吸油，再把油加压送往液压工作系统。该单柱塞液压泵（见图 4-1）是如何完成吸油、压油动作的呢？

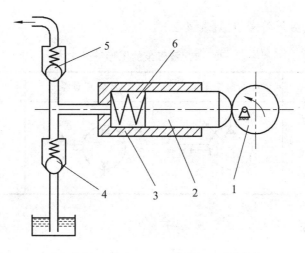

1—偏心轮；2—柱塞；3—泵体；4，5—单向阀。

图 4-1　单柱塞液压泵的工作原理

（二）液压泵的分类、基本结构及图形符号

1. 液压泵的分类与基本结构

（1）按其结构形式的不同，可分为齿轮式、叶片式、柱塞式。

（2）按泵的排量能否改变，可分为定量泵、变量泵。

（3）按输出油的方向能否改变，可分为单向泵、双向泵。

常见液压泵的分类及结构见表 4-1。

表 4-1　常用液压泵的分类及结构

外啮合齿轮泵	双作用叶片泵	斜盘式轴向柱塞泵
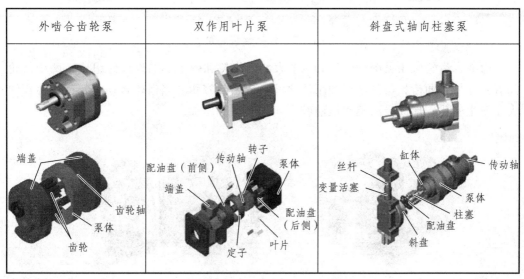		

2. 液压泵的图形符号（见表 4-2）

表 4-2　液压泵的图形符号

单向定量泵	单向变量泵	双向定量泵	双向变量泵
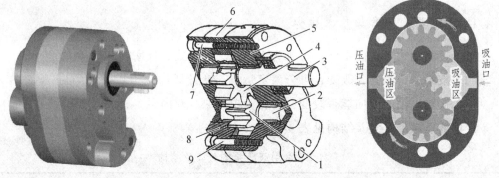			

（三）齿轮泵

1. 齿轮泵的种类和工作原理

外啮合齿轮泵（见图 4-2）由一对外啮合齿轮组成，两个外齿轮与泵体之间形成密封容积，当齿轮转动时，密封容积的大小发生变化，形成吸油腔和压油腔，实现吸油和压油。

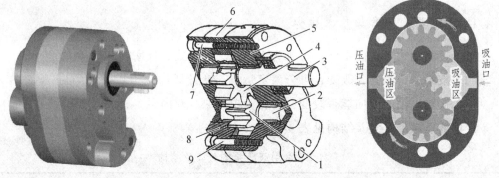

1，4—齿轮；2—从动轴；3—主动轴；5—泵体；6—盖板；7，8—螺钉。

图 4-2　外啮合齿轮泵

内啮合齿轮泵（见图 4-3）由一个大的内齿轮和一个小的外齿轮组成，两个齿轮间有月牙板，两齿轮与月牙板和泵体之间形成密封容积，当齿轮转动时，密封容积的大小发生变化，形成吸油腔和压油腔，实现吸油和压油。

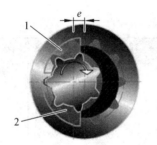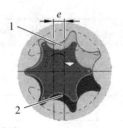

1—吸油腔；2—压油腔。

图 4-3　内啮合齿轮泵

2. 齿轮泵的工作条件

齿轮泵要实现吸油和压油必须具备的条件：

（1）应具备密封容积。

（2）密封容积的大小能交替变化。

（3）应有配流装置。

（4）油箱必须和大气相通。

3. 齿轮泵的型号、含义和技术规格

齿轮泵的型号及含义如图 4-4 所示。

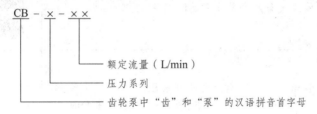

图 4-4　齿轮泵的型号及含义

齿轮泵的技术规格见表 4-3。

表 4-3　齿轮泵的技术规格

型号	流量/(L/min)	压力/MPa	转速/(r/min)
CB-B-2.5	2.5		
CB-B-4	4		
CB-B-6	6		
CB-B-10	10		
CB-B-16	16	2.5	1450
CB-B-20	20		
CB-B-25	25		
CB-B-32	32		

型号	流量/(L/min)	压力/MPa	转速/(r/min)
CB-B-40	40		
CB-B-50	50		
CB-B-63	63	2.5	1450
CB-B-80	80		
CB-B-100	100		
CB-B-125	125		

4. 齿轮泵的特点及应用（见表 4-4）

表 4-4　齿轮泵的特点及应用

分类	特点	应用场合	实例
外啮合齿轮泵	在现有各类液压泵中，齿轮泵的工作压力仅次于柱塞泵。外啮合齿轮泵输出的流量较均匀，构造简单，工作可靠，维护方便，一般具有输送流量小和输出压力高的特点	由于其流量脉动大、噪声大和寿命有限，常用作运行在低压下的辅助泵及预压泵	
内啮合齿轮泵	内啮合齿轮泵结构紧凑，尺寸小，质量小，运转平稳，噪声小。在高转速工作时有较高的容积效率是综合性能最好的泵之一，但在低速、高压下工作时，压力脉动大，容积效率低	在闭式系统中，常用这种液压泵作为补油泵。由于调速电传动技术的广泛应用，在很大程度上得到弥补了内啮合齿轮泵无法调节排量的缺点。因此，其在固定、移动设备中的应用将会迅速扩大	

（四）叶片泵

1. 分　类

（1）按泵的排量能否改变，可分为定量叶片泵、变量叶片泵。

（2）按泵的作用不同，可分为单作用、双作用

2. 特　点

优点：结构紧凑、体积小、运转平稳、噪声小、使用寿命较长。

缺点：自吸性能差、对油液污染敏感、结构较复杂。

3. 定量（双作用）叶片泵

定义：转子和定子中心重合，定子内表面近似椭圆形，由两段长半径为 R 和两段外半径为 r 的圆弧和四组过渡曲线组成。旋转一周，完成二次吸油、二次压油 —— 双作用泵，如图 4-5 所示。

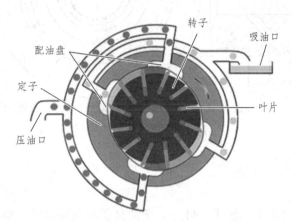

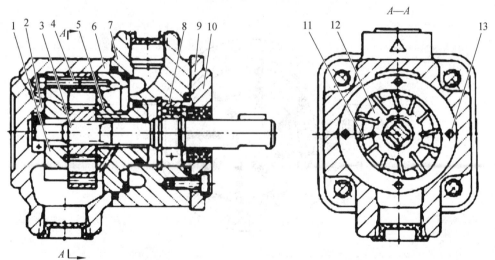

1—左配油盘；2，8—深沟球轴承；3—传动轴；4—定子；5—右配油盘；6—后泵体；
7—前泵体；9—密封圈；10—盖板；11—叶片；12—转子；13—长螺钉。

图 4-5　双作用叶片泵的结构

配油盘环形槽通过小孔与压油区连通，保证叶片顶部与定子内表面可靠密封，如图 4-6 所示。配油盘腰形孔上"三角形"小槽 —— 斜荷槽的作用是避免发生困油现象。

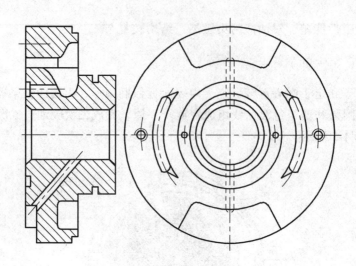

图 4-6　配油盘的结构

4. 单作用叶片泵

1）基本组成

单作用叶片泵由定子、转子、叶片、配油盘和端盖等组成，如图4-7所示。

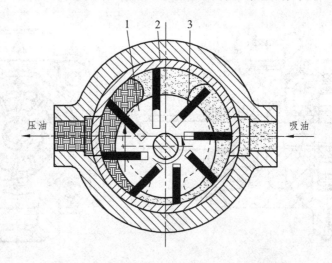

1—转子；2—定子；3—叶片。

图 4-7　单作用叶片泵的结构

2）工作原理

当转子回转时，由于离心力等的作用，使叶片紧压在定子内壁，在定子内表面、转子外表面、叶片和配油盘之间形成若干个闭密的工作容腔。当转子旋转时，这些密闭的工作容积，上下叶片变化方向相反，分别形成吸、压油过程，配油盘上吸、压油的窗口分别与之对应，如图4-8所示。

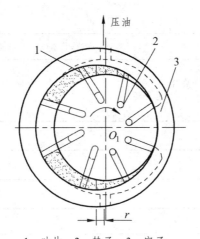

1—叶片；2—转子；3—定子。

图 4-8　单作用叶片泵的工作原理

3）特点分析

转子每转一周，每个工作容腔完成一次吸油和排油 —— 单作用泵。

缺点：转子受到来自排油腔的单向压力，使轴承上所受的载荷较大即径向力不平衡 —— 非卸荷式叶片泵，所以这种泵不宜用在高压下。

优点：排量可变，因而可制成变量泵。

（1）变量式叶片泵：通过改变转子与定子的偏心距 e 的大小，就可以改变排量和流量。偏心距可以通过手动调节或自动调节。

（2）限压式变量叶片泵。

结构特点：弹簧、反馈柱塞、限位螺钉。转子中心固定，定子可以水平移动通过外反馈限压。

工作原理：靠反馈力和弹簧力平衡，控制偏心距的大小来改变流量。

六、自我检测

（1）液压泵是_____元件，它是将电动机（或其他原动机）输入的机械能转变成_____的能量转换装置。

（2）液压泵按其结构形式的不同，可分为_____、_____、_____。

（3）液压泵按泵的排量能否改变，可分为定量泵和变量泵，齿轮泵属于_____，单作用叶片泵属于_____。

（4）请简述外啮合齿轮泵的工作原理。

_____

_____

_____

＿＿＿＿＿＿＿＿＿＿＿＿＿＿＿＿＿＿＿＿＿＿＿＿＿＿＿＿＿

＿＿＿＿＿＿＿＿＿＿＿＿＿＿＿＿＿＿＿＿＿＿＿＿＿＿＿＿＿。

（5）请简述叶片泵的特点。

＿＿＿＿＿＿＿＿＿＿＿＿＿＿＿＿＿＿＿＿＿＿＿＿＿＿＿＿＿

＿＿＿＿＿＿＿＿＿＿＿＿＿＿＿＿＿＿＿＿＿＿＿＿＿＿＿＿＿

＿＿＿＿＿＿＿＿＿＿＿＿＿＿＿＿＿＿＿＿＿＿＿＿＿＿＿＿＿

＿＿＿＿＿＿＿＿＿＿＿＿＿＿＿＿＿＿＿＿＿＿＿＿＿＿＿＿＿。

七、任务实施

1. 学生分组

＿＿＿＿＿＿＿＿＿＿＿＿＿＿＿＿＿＿＿＿＿＿＿＿＿＿＿＿＿

2. 搜集资料

＿＿＿＿＿＿＿＿＿＿＿＿＿＿＿＿＿＿＿＿＿＿＿＿＿＿＿＿＿

＿＿＿＿＿＿＿＿＿＿＿＿＿＿＿＿＿＿＿＿＿＿＿＿＿＿＿＿＿

＿＿＿＿＿＿＿＿＿＿＿＿＿＿＿＿＿＿＿＿＿＿＿＿＿＿＿＿＿

3. 制订计划

＿＿＿＿＿＿＿＿＿＿＿＿＿＿＿＿＿＿＿＿＿＿＿＿＿＿＿＿＿

＿＿＿＿＿＿＿＿＿＿＿＿＿＿＿＿＿＿＿＿＿＿＿＿＿＿＿＿＿

＿＿＿＿＿＿＿＿＿＿＿＿＿＿＿＿＿＿＿＿＿＿＿＿＿＿＿＿＿

4. 决　策

＿＿＿＿＿＿＿＿＿＿＿＿＿＿＿＿＿＿＿＿＿＿＿＿＿＿＿＿＿

＿＿＿＿＿＿＿＿＿＿＿＿＿＿＿＿＿＿＿＿＿＿＿＿＿＿＿＿＿

5. 任务实施

在表 4-5 填写液压泵采购方案。

表 4-5　液压泵采购方案

序号	应用场合	采购要求	泵类型	泵的技术特点	采购时间
1	冲压、剪切的大功率设备	工作可靠，便于维护维修，成本低			
2	搬运轻型部件的小功率设备	噪声要小，且运行平稳			

八、验收（任务评价）

1. 小组自评

_____

_____

2. 小组互评

_____

_____

3. 教师点评

_____

_____

九、课后作业

请画出液压泵的图形符号。

（1）单向定量泵：

（2）单向变量泵：

（3）双向定量泵：

（4）双向定量泵：

请简述外啮合齿轮泵的特点及应用场合。

特点：_____

_____

_____

_____

应用场合：_____

_____

_____

_____

十、知识拓展

柱塞泵

1. 径向柱塞泵的工作原理

顺时针方向旋转时，柱塞绕经上半周时向外伸出，柱塞底部的容积逐渐增大，形成部分真空，经过衬套 3 上的油孔从配油轴 5 的吸油口 a 吸油；当柱塞转到下半周时，定子内壁将柱塞向里推，柱塞底部的容积逐渐减小，向配油轴的压油口 b 压油，如图 4-9 所示。

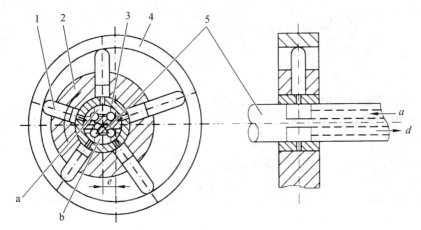

1—柱塞；2—转子；3—衬套；4—定子；5—配油轴。

图 4-9　径向柱塞泵

体积和流量计算公式：

$$V = \frac{\pi}{4} d^2 2ez$$

$$q = nV\eta_V = \frac{\pi d^2}{2} ezn\eta_V$$

2. 轴向柱塞泵的工作原理（见图 4-10）

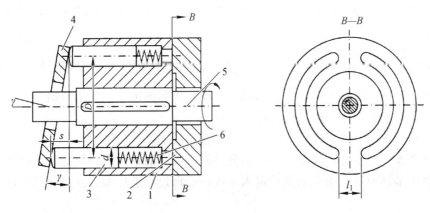

图 4-10　轴向柱塞泵

配油盘 2 和斜盘 4 固定不转，当原动机通过传动轴使缸体转动时，由于斜盘的作用，迫使柱塞在缸体内做往复运动，并通过配油盘的配油窗口进行吸油和压油。柱塞底部的密封工作容积增大，通过配油盘的吸油窗口吸油；使密封容积减小，通过配油盘的压油窗口压油。缸体每转一周，每个柱塞各完成吸、压油一次，如改变斜倾角，就能改变柱塞行程的长度，即改变液压泵的排量，改变斜盘倾角方向，就能改变吸油和压油的方向，即成为双向变量泵。

体积和流量计算公式：

$$V = \frac{\pi}{4} d^2 D \tan \gamma z$$

$$q = \frac{\pi}{4} d^2 D \tan \gamma z n \eta_V$$

由于柱塞在缸体孔中运动的速度不是恒定的，因而输出流量是有脉动的，当柱塞数为奇数时脉动较小，且柱塞数多，脉动也较小，因而一般常用的柱塞泵的柱塞个数为 7、9 或 11。

转动手轮，使丝杠动作，带动变量活塞做轴向移动，斜盘倾角改变，改变流量。吸压油方向可以变换，即成为双向变量液压泵。

3. 液压泵的噪声

1）产生噪声的原因

（1）泵的流量脉动和压力脉动造成泵构件的振动。

（2）泵的工作腔从吸油腔突然和压油腔相通，或从压油腔突然和吸油腔相通时，产生的油液流量和压力突变，对噪声的影响甚大。

（3）空穴现象。带有气泡的油液进入高压腔时气泡被击破，形成局部的高频压力冲击，从而引起噪声。

（4）泵内流道截面突然扩大和收缩，急拐弯，通道截面过小而导致液体紊流、旋涡及喷流，使噪声加大。

（5）由于机械原因，如转动部分不平衡、轴承不良、泵轴的弯曲等机械振动引起的机械噪声。

2）降低噪声的措施

（1）消除液压泵内部油液压力的急剧变化。

（2）为吸收液压泵流量及压力脉动，可在液压泵的出口装置消音器。

（3）装在油箱上的泵应使用橡胶垫减振。

（4）压油管的一段用橡胶软管，对泵和管路的连接进行隔振。

（5）防止泵产生空穴现象，可采用直径较大的吸油管，减小管道局部阻力；采用大容量的吸油滤油器，防止油液中混入空气；合理设计液压泵，提高零件刚度。

拆解液压缸

一、教学目标

1. 知识目标

（1）了解液压缸的结构；

（2）掌握液压缸差动连接的工作原理及特性；

（3）掌握单、双出杆活塞式液压缸的结构、图形符号、工作原理、出力特性和速度特性。

2. 能力目标

（1）能根据符号正确认识液压缸的类型；

（2）能计算活塞式液压缸的运行速度和出力大小。

3. 素质目标

（1）养成分析问题考虑局部与整体的关系的习惯；

（2）培养学生对液压与气动系统的学习兴趣；

（3）养成良好的学习习惯；

（4）养成团队协作的习惯；

（5）培养学生的自学能力。

二、教学重难点

1. 重点

（1）液压缸差动连接的工作原理及特性；

（2）单、双出杆活塞式液压缸的出力特性和速度特性。

2. 难　点

计算活塞式液压缸的运行速度和出力大小。

三、思政环节

纪录片《大国工匠》以热爱职业、敬业奉献为主题，讲述了 8 位"手艺人"的故事。他们中间，有在中国航天事业中给火箭的"心脏"——发动机焊接的第一人高凤林，有载人潜水机上被称作"两丝"钳工的顾秋亮，有高铁研磨师宁允展，有港珠澳大桥深海钳工管延安，有捧起大飞机的钳工胡双钱，有錾刻人生、为 APEC（亚太经济合作组织）会议制作礼物的孟剑锋，还有捞纸大师周东红。他们来自不同的行业，年龄有别，但他们都拥有一个共同的闪光点——热爱本职工作，敬业奉献。他们之所以能够匠心筑梦，凭的是传承与钻研，靠的是专注与磨砺。

"三百六十行，行行出状元"，这些大国工匠们给我们的精神财富，就是要深植"劳动光荣、技能宝贵、创造伟大"的观念，继承中国源远流长的工匠精神、精湛手艺，让"中国制造"和"中国创造"散发出更为夺目的光彩。

大国工匠，匠心筑梦——每一个制造业的从业者，都是一个个工匠，都有一份份责任。每个从业者都应该有"大国工匠"精神，尽职尽责，赢得尊重。

四、新课导入

液压传动系统最终的目的是要将液压能转换为机械能，在这个系统中有动力元件液压泵、控制元件各种换向阀，但是最终需要一个执行器件将液体的液压能转换为机械能向外输出，而液压缸就是液压系统里常见的执行元件之一。

五、布置任务

我校数控加工实习工厂，有一台平面磨床工作台出现了故障，现场查看后初步判断故障原因可能是控制工作台做往复运动的液压缸出现了故障，现在要求我们数控维修集训队对该液压缸进行拆解检查，并记录下拆解过程。

六、学习资料

液压缸（见图 5-1）是液压系统的执行元件，它将液压能转换为机械能，用来实现直线往复运动或小于 360°的摆动。其结构简单，工作可靠，应用广泛。液压缸的输入量是液体的流量和压力，输出量是速度和力。

图 5-1　液压缸

（一）液压缸的类型及特点

1. 液压缸的分类

（1）按供油方向，可分为单作用缸和双作用缸。
（2）按结构形式，可分为活塞缸、柱塞缸、伸缩套筒缸、摆动液压缸。
（3）按活塞杆形式，可分为单活塞杆缸、双活塞杆缸。
图 5-2 所示为常见的几种液压缸。

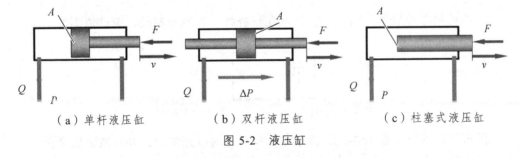

（a）单杆液压缸　　　　（b）双杆液压缸　　　　（c）柱塞式液压缸

图 5-2　液压缸

2. 单作用液压缸的分类、职能符号及特点

（1）活塞缸（见图 5-3）：活塞仅单向受力而运动，反向运动依靠活塞自重或其他外力。

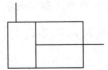

图 5-3　单作用活塞缸

（2）柱塞缸（见图 5-4）：柱塞仅单向受液压力而运动，反向运动依靠柱塞自重或其他外力。

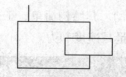
图 5-4　单作用柱塞缸

（3）伸缩式套筒缸（见图 5-5）：有多个互相连动的活塞，可依次伸缩，行程较大，由外力使活塞返回。

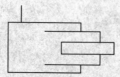
图 5-5　单作用伸缩式套筒缸

3．双作用液压缸的分类、职能符号及特点

（1）单活塞杆。

① 普通缸（见图 5-6）：活塞双向受液压力而运动，在行程终了时不减速，双向受力且速度不同。

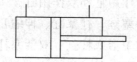
图 5-6　双作用单活塞液压缸

② 不可调缓冲缸（见图 5-7）：活塞在行程终了时减速制动，减速值不变。

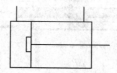
图 5-7　双作用单活塞不可调缓冲液压缸

③ 可调缓冲缸（见图 5-8）：活塞在行程终了时减速制动，并且减速值可调。

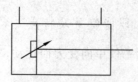
图 5-8　双作用单活塞可调缓冲液压缸

④ 差动缸（见图 5-9）：活塞两端面积差较大，使活塞往复运动的推力和速度相差较大。

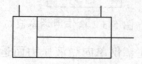
图 5-9　双作用单活塞差动液压缸

（2）双活塞杆。

① 等行程等速缸（见图5-10）：活塞左右移动速度、行程及推力均相等。

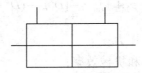

图 5-10　双作用双活塞等行程等速缸

② 双向缸（见图5-11）：利用对油口进、排油次序的控制，可使两个活塞做多种配合动作的运动。

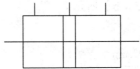

图 5-11　双作用双活塞双向缸

（3）摆动缸（见图5-12）：可输出小于360°或180°的旋转运动。

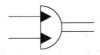

图 5-12　摆动缸

（二）液压缸运动速度和推力的计算

1. 单活塞杆液压缸

单活塞杆液压缸的活塞仅一端带有活塞杆，活塞双向运动可以获得不同的速度和输出力，其简图及油路连接方式如图5-13所示。

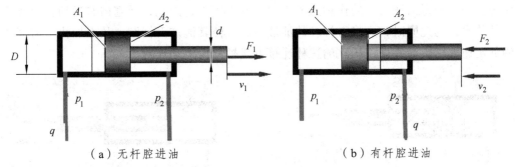

（a）无杆腔进油　　　　　　　　　（b）有杆腔进油

图 5-13　单活塞杆液压缸

（1）无杆腔进油时如图5-13（a）所示。

活塞的运动速度：

$$v_1 = \frac{q}{A_1}\eta_v = \frac{4q}{\pi D^2}\eta_v$$

活塞的推力：

$$F_1 = (p_1 A_1 - p_2 A_2)\eta_m = \frac{\pi}{4}[D^2 p_1 - (D^2 - d^2)p_2]\eta_m$$

式中　　p_1, p_2 ——缸的进、回油压力；

　　　　η_v, η_m ——缸的容积效率和机械效率；

　　　　D, d ——活塞直径和活塞杆直径；

　　　　q ——输入流量；

　　　　A ——活塞有效工作面积。

（2）有杆腔进油时如图 5-13（b）所示。

活塞的运动速度：

$$v_2 = \frac{q}{A_2}\eta_v = \frac{4q}{\pi(D^2 - d^2)}\eta_v$$

活塞的推力：

$$F_2 = (p_2 A_2 - p_1 A_1)\eta_m = \frac{\pi}{4}[(D^2 - d^2)p_1 - D^2 p_2]\eta_m$$

比较上述各式，可以看出：$v_2 > v_1$，$F_1 > F_2$；液压缸往复运动时的速度比为

$$\psi = \frac{v_2}{v_1} = \frac{D^2}{D^2 - d^2}$$

上式表明：当活塞杆直径越小时，速度比越接近 1，在两个方向上的速度差值就越小。

（3）两腔同时进油时如图 5-14 所示。

当单杆活塞缸两腔同时通入压力油时，无杆腔的有效作用面积大于有杆腔的有效作用面积，使得活塞向右的作用力大于向左的作用力，因此，活塞向右运动，活塞杆向外伸出；与此同时，又将有杆腔的油液挤出，使其流进无杆腔，从而加快了活塞杆的伸出速度，单活塞杆液压缸的这种连接方式被称为差动连接。

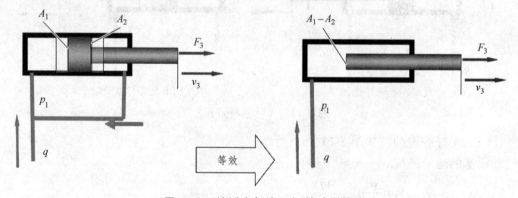

图 5-14　单活塞杆液压缸差动联接

活塞的运动速度：

$$v_3 = \frac{q}{A_1 - A_2}\eta_v = \frac{4q}{\pi d^2}\eta_v$$

在忽略两腔连通油路压力损失的情况下，差动连接液压缸的推力为：

$$F_3 = p_1(A_1 - A_2)\eta_m = \frac{\pi}{4}d^2 p_1\eta_v$$

差动连接时，液压缸的有效作用面积是活塞杆的横截面积，工作台运动速度比无杆腔进油时的大，而输出力则较小。

差动连接是在不增加液压泵容量和功率的条件下，实现快速运动的有效办法。

2. 双活塞杆液压缸

双活塞杆液压缸的活塞两端都带有活塞杆，分为缸体固定和活塞杆固定两种安装形式，如图 5-15 所示。

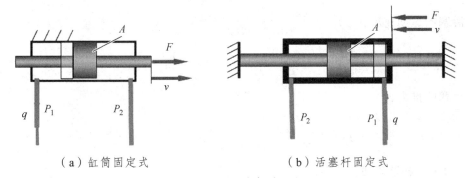

（a）缸筒固定式　　　　　　（b）活塞杆固定式

图 5-15　双活塞杆液压缸

因为双活塞杆液压缸的两活塞杆直径相等，所以当输入流量和油液压力不变时，其往返运动速度和推力相等。

活塞的运动速度：

$$v = \frac{q}{A}\eta_v = \frac{4q}{\pi(D^2 - d^2)}\eta_v$$

活塞的推力：

$$F = \frac{\pi}{4}(D^2 - d^2)(p_1 - p_2)\eta_m$$

这种液压缸常用于要求往返运动速度相同的场合。

3. 柱塞式液压缸

柱塞式液压缸（见图 5-16）是单作用的，它的回程需要借助自重或弹簧等其他外力来完成。如果要获得双向运动，可将两柱塞液压缸成对使用，为减轻柱塞的重量，有时制成空心柱塞。

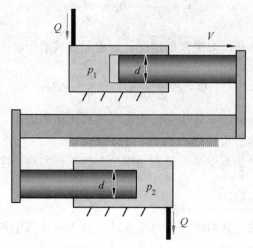

图 5-16　柱塞式液压缸

活塞的运动速度：

$$V = \frac{4Q}{\pi d^2}$$

活塞的推力：

$$F = (p_1 - p_2)\frac{\pi}{4}d^2$$

式中　d ——柱塞直径；

p_1 ——进油压力；

p_2 ——另一缸的回油压力。

七、自我检测

（1）液压缸的作用是_____。

（2）按供油方向，可分为_____，按结构形式，可分为_____，按活塞杆形式，可分为_____。

（3）液压缸属于_____元件。

（4）液压缸将液压能转换为机械能，以_____方式向外输出。

（5）单活塞液压缸的内腔分为_____和_____。

（6）差动连接是指_____

八、任务实施

1. 学生分组

_____

_____

2. 搜集资料

_____

_____

_____

_____

3. 制订计划

_____

_____

_____

4. 决　策

_____

_____

5. 任务实施

拆解记录：_____

_____

_____

九、验收（任务评价）

1. 小组自评

_____

_____

2. 小组互评

_____

_____

3. 教师点评

_____

_____

十、课后作业

（1）请画出单作用液压缸的职能符号，并描述各自的特点。

_____

_____

_____

_____

（2）请画出差动联接的回路图。

（3）请分别列出单活塞杆液压缸有杆腔进油时和无杆腔进油时活塞的运动速度公式和推力公式。

活塞运动速度公式：

活塞推力公式：

十一、知识拓展

液压马达（见图 5-17）：摆动液压缸能实现小于 360°角度的往复摆动运动，由于它可直接输出扭矩，故又称为摆动液压马达，主要有单叶片式和双叶片式两种结构形式。

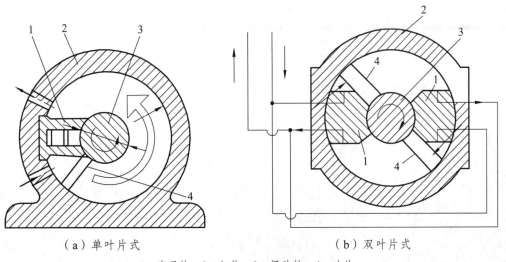

（a）单叶片式   （b）双叶片式

1—定子块；2—缸体；3—摆动轴；4—叶片。

图 5-17　液压马达

单叶片摆动液压缸主要由定子块 1、缸体 2、摆动轴 3、叶片 4、左右支承盘和左右盖板等主要零件组成。定子块固定在缸体上，叶片和摆动轴固连在一起，当两油口相继通以压力油时，叶片即带动摆动轴做往复摆动。

单叶片摆动液压缸的摆角一般不超过 280°，双叶片摆动液压缸的摆角一般不超过150°。

当输入压力和流量不变时，双叶片摆动液压缸摆动轴的输出转矩是相同参数单叶片摆动液压缸的两倍，而摆动角速度则是单叶片的一半。

摆动缸结构紧凑，输出转矩大，但密封困难，一般只用于中、低压系统中往复摆动、转位或间歇运动的地方。

当考虑到机械效率时，单叶片缸的摆动轴输出转矩为

$$T = \frac{b}{8}(D^2 - d^2)(p_1 - p_2)\eta_m$$

式中 D ——缸体内孔直径；

　　　　d ——摆动轴直径；

　　　　b ——叶片宽度。

根据能量守恒原理，结合上式得出输出角速度为

$$\omega = \frac{8q\eta_v}{b(D^2 - d^2)}$$

安装磨床工作台液压控制系统

一、教学目标

1. 知识目标

（1）掌握单向阀、液控单向阀的导通原理和滑阀式换向阀的换向原理；

（2）掌握换向阀"位"和"通"的概念、各种操纵方式、三位阀几种主要的中位机能及特点；

（3）掌握单向阀、换向阀的应用；

（4）了解单向阀的主要性能要求。

2. 能力目标

（1）能根据符号正确识别单向阀、换向阀；

（2）能理解单向阀、换向阀在液压系统中的作用；

（3）能根据已掌握液压知识自主设计简单液压换向相关回路。

3. 素质目标

（1）养成分析问题考虑局部与整体的关系的习惯；

（2）培养学生对液压与气动系统的学习兴趣；

（3）养成良好的学习习惯；

（4）养成团队协作的习惯；

（5）培养学生的自学能力。

二、教学重难点

1. 重　点

（1）液控单向阀的导通原理；

（2）换向阀的换向原理和滑阀机能。

2.难　点

换向阀的工作原理。

三、思政环节

新时代"工匠精神"的基本内涵，主要包括爱岗敬业的职业精神、精益求精的品质精神、协作共进的团队精神、追求卓越的创新精神这四个方面的内容。其中，爱岗敬业的职业精神是根本，精益求精的品质精神是核心，协作共进的团队精神是要义，追求卓越的创新精神是灵魂。

四、新课导入

磨床（见图 6-1）是通过其工作台搭载被加工件进行往复运动，利用磨具对工件表面进行磨削加工的机床。大多数的磨床是使用高速旋转的砂轮进行磨削加工，少数的是使用油石、砂带等其他磨具和游离磨料进行加工，如珩磨机、超精加工机床、砂带磨床、研磨机和抛光机等。

工作台的往复运动一般是由液压缸或电动机驱动完成的。

图 6-1　磨床实物

五、布置任务

某磨床生产厂家接到一批磨床生产任务，我技术小组负责磨床工作台液压控制系统的安装任务。

要求：

（1）磨床的工作台由液压缸驱动；

（2）工作台能实现自动往返运动的功能；

（3）自行设计磨床工作台的液压控制回路，并画出回路图；

（4）列出元件清单；

（5）根据液压控制回路图安装液压系统；

（6）调试系统，使其能正常运行。

六、学习资料

（一）单向阀

单向阀只允许经过阀的液流单方向流动，而不许反向流动。单向阀有普通单向阀和液控单向阀两种（见图 6-2）。

图 6-2　普通单向阀和液控单向阀

1. 普通单向阀

正向导通，反向不通，如图 6-3 所示。

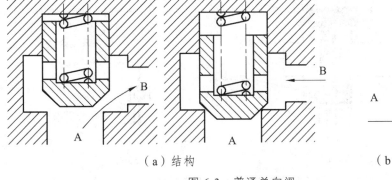

（a）结构　　　　　　　　　　　　　　　（b）图形符号

图 6-3　普通单向阀

普通单向阀的工作原理如图 6-4 所示。

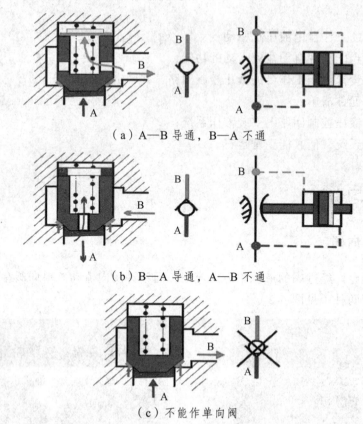

（a）A—B 导通，B—A 不通

（b）B—A 导通，A—B 不通

（c）不能作单向阀

图 6-4　普通单向阀的工作原理

2. 液控单向阀

液控单向阀的工作原理如图 6-5 所示。

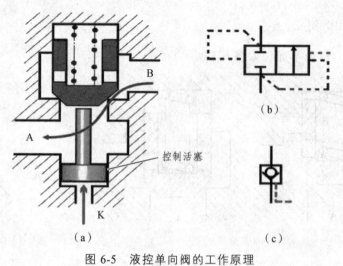

控制活塞

（b）

（a）

K

（c）

图 6-5　液控单向阀的工作原理

3. 对单向阀的要求

（1）开启压力要小。

（2）能产生较高的反向压力，反向的泄漏要小。

（3）正向导通时，阀的阻力损失要小。

（4）阀芯运动平稳，无振动、冲击或噪声。

4. 普通单向阀和液控单向阀的应用

（1）用单向阀将系统和泵隔断，如图 6-6 所示。

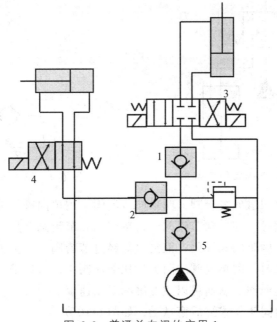

图 6-6　普通单向阀的应用 1

在图 6-6 中，用单向阀 5 将系统和泵隔断，泵开机时泵排出的油可经单向阀 5 进入系统；泵停机时，单向阀 5 可阻止系统中的油倒流。

（2）用单向阀将两个泵隔断，如图 6-7 所示。

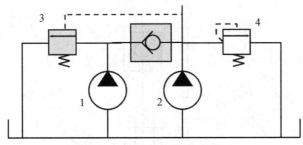

图 6-7　普通单向阀的应用 2

在图 6-7 中，1 是低压大流量泵，2 是高压小流量泵。低压时两个泵排出的油合流，共同向系统供油。高压时，单向阀的反向压力为高压，单向阀关闭，泵 2 排出的高压油经过虚线表示的控制油路将阀 3 打开，使泵 1 排出的油经阀 3 回油箱，由高压泵 2 单独往系统供油，其压力决定于阀 4。这样，单向阀将两个压力不同的泵隔断，不互相影响。

（3）用单向阀产生背压，如图 6-8 所示。

（4）用单向阀和其他阀组成复合阀，如图 6-9 所示。

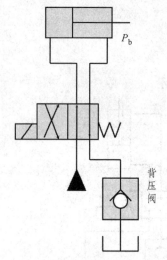

图 6-8　普通单向阀的应用 3　　　　　　图 6-9　普通单向阀的应用 4

由单向阀和节流阀组成复合阀，叫单向节流阀。用单向阀组成的复合阀还有单向顺序阀、单向减压阀等。在单向节流阀中，单向阀和节流阀共用一阀体。当液流沿箭头所示方向流动时，因单向阀关闭，液流只能经过节流阀从阀体流出。若液流沿箭头所示相反的方向流动时，因单向阀的阻力远比节流阀小，所以液流经过单向阀流出阀体。此阀常用来快速回油。从而可以改变缸的运动速度。

（5）用液控单向阀使立式缸活塞悬浮，如图 6-10 所示。

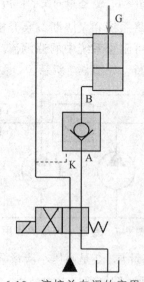

图 6-10　液控单向阀的应用 1

通过液控单向阀往立式缸的下腔供油，活塞上行。停止供油时，因有液控单向阀，活塞靠自重不能下行，于是可在任一位置悬浮。将液控单向阀的控制口加压后，活塞即可靠自重下行。若此立式缸下行为工作行程，可同时往缸的上腔和液控单向阀的控制口加压，则活塞下行，完成工作行程。

（6）用两个液控单向阀使液压缸双向闭锁，如图 6-11 所示。

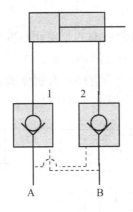

图 6-11　液控单向阀的应用 2

（二）换向阀

换向阀（见图 6-12）是利用阀芯与阀体之间的相对位置，使阀体相连的各通道之间实现接通或断开，来改变流体流动方向的阀。它能使执行元件启动、停止、变换运动方向。

图 6-12　换向阀实物

1. 对换向阀的主要职能要求

（1）油路导通时，压力损失要小；

（2）油路断开时，泄漏量要小；

（3）阀芯换位，操纵力要小以及换向平稳。

2. 换向阀的工作原理

如图 6-13 所示，三位四通换向阀有三个工作位置四个通路口。三个工作位置就是滑阀在中间以及滑阀移到左、右两端时的位置，四个通路孔既压力油口 P、回油口 O 和通往执行元件两端的油口 A 和 B。滑阀相对阀体做轴向移动，改变了位置，各油口的连接关系就改变了，这就是滑阀式换向阀的工作原理。

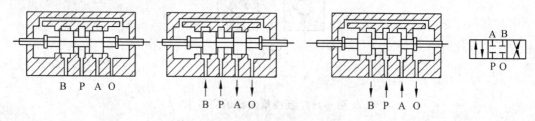

图 6-13　三位四通换向阀

3. 换向阀的位和通路符号（见图 6-14）

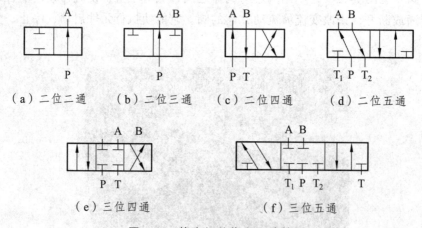

（a）二位二通　　（b）二位三通　　（c）二位四通　　（d）二位五通

（e）三位四通　　　　　（f）三位五通

图 6-14　换向阀的位和通路符号

1）中位机能

换向阀的机能表示阀芯在某位置时阀主油路的连通方式，对于三位阀有中位机能、左位机能和右位机能。中位机能表示换向阀的阀芯处在中间位置时主油路的连通方式。

常见中位机能有以下几种：

（1）O 型中位机能符号如图 6-15 所示。

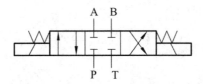

图 6-15　O 型中位机能

结构特点：其中 P 表示进油口，T 表示回油口，A 、B 表示工作油口。在中位时，各油口全封闭，油不流通。

机能特点：① 工作装置的进、回油口都封闭，工作机构可以固定在任何位置静止不动，即使有外力作用也不能使工作机构移动或转动，因而不能用于带手摇的机构；② 从停止到启动比较平稳，因为工作机构回油腔中充满油液，可以起缓冲作用，当压力油推动工作机构开始运动时，因油阻力的影响而使其速度不会太快，制动时运动惯性引起液压冲击较大；③ 油泵不能卸载；④ 换向位置精度高。

（2）H 型中位机能符号如图 6-16 所示。

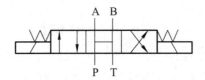

图 6-16　H 型中位机能

结构特点：在中位时，各油口全开，系统没有油压。

机能特点：① 进油口 P 、回油口 T 与工作油口 A 、B 全部连通，使工作机构成浮动状态，可在外力作用下运动，能用于带手摇的机构；② 液压泵可以卸荷；③ 从停止到启动有冲击，因为工作机构停止时回油腔的油液已流回油箱，没有油液起缓冲作用；④ 制动时油口互通，故制动较 O 型平稳；⑤ 对于单杆双作用油缸，其活塞两边的有效作用面积不等，因而用这种机能的滑阀不能完全保证活塞处于停止状态。

（3）M 型中位机能符号如图 6-17 所示。

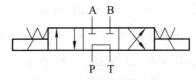

图 6-17　M 型中位机能

结构特点：在中位时，工作油口 A 、B 关闭，进油口 P 、回油口 T 直接相连。

机能特点：① 由于工作油口 A 、B 封闭，工作机构可以保持静止；② 液压泵可以卸荷；③ 不能用于带手摇装置的机构；④ 从停止到启动比较平稳；⑤ 制动时运动惯性引起液压冲击较大；⑥ 可用于油泵卸荷而液压缸锁紧的液压回路中。

（4）Y 型中位机能符号如图 6-18 所示。

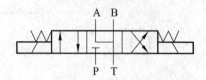

图 6-18　Y 型中位机能

结构特点：在中位时，进油口 P 关闭，工作油口 A、B 与回油口 T 相通。

机能特点：① 因为工作油口 A、B 与回油口 T 相通，工作机构处于浮动状态，可随外力的作用而运动，能用于带手摇的机构；② 从停止到启动有冲击，从静止到启动时的冲击和制动性能处于 O 型与 H 型之间；③ 油泵不能卸荷。

（5）P 型中位机能符号如图 6-19 所示。

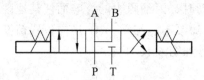

图 6-19　P 型中位机能

结构特点：在中位时，回油口 T 关闭，进油口 P 与工作油口 A、B 相通。

机能特点：① 对于直径相等的双杆双作用油缸，活塞两端所受的液压力彼此平衡，工作机构可以停止不动，也可以用于带手摇装置的机构，但是对于单杆或直径不等的双杆双作用油缸，工作机构不能处于静止状态而组成差动回路；② 从停止到启动比较平稳，制动时缸两腔均通压力油，故制动平稳；③ 油泵不能卸荷；④ 换向位置变动比 H 型的小，故应用广泛。

（6）U 型中位机能符号如图 6-20 所示。

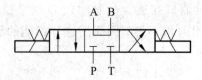

图 6-20　U 型中位机能

结构特点：A、B 工作油口接通，进油口 P、回油口 T 封闭。

机能特点：① 由于工作油口 A、B 连通，工作装置处于浮动状态，可在外力作用下运动，可用于带手摇装置的机构；② 从停止到启动比较平稳；③ 制动时也比较平稳；④ 油泵不能卸荷。

2）换向阀的操纵方式

（1）手动、机动换向阀（见图 6-21）：以外加运动件的机动力推动阀芯移动换向。手动换向阀又分为手动和脚踏两种；机动换向阀则通过安装在运动部件上的撞块或凸轮推动阀芯。它们的特点是工作可靠。阀芯的定位方式分为弹簧钢球定位和弹簧自动复位两种。

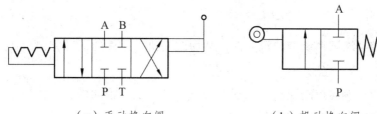

（a）手动换向阀　　　　　（b）机动换向阀

图 6-21　手动、机动换向阀

（2）电磁铁换向阀（见图 6-22）：工作可靠、换向平稳、寿命长、电路简单、吸合力大、噪声大、可靠性差。

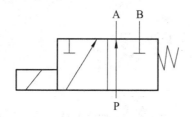

图 6-22　电磁阀换向阀

（3）液动换向阀和电液换向阀如图 6-23 和图 6-24 所示。

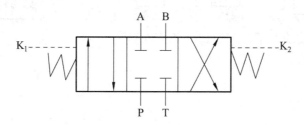

图 6-23　液动换向阀的图形符号

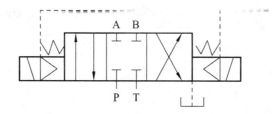

图 6-24　电液换向阀的图形符号

由于电磁吸力有限，电磁换向阀最大通流量小于 100 L/min。对液动力较大的大流量阀则应选用液动换向阀或电液换向阀。

（三）典型的方向控制回路

方向控制回路是指能控制执行元件起动、停止及换向的回路。常见的方向控制回路有换向回路和锁紧回路。

1. 换向回路

功能：控制液压系统中油流方向，从而改变执行元件的运动方向。

思考：

（1）磨床的换向控制回路（见图6-25）是如何实现换向的？

（2）换向阀A、B、C分别起什么作用？

2. 锁紧回路

功能：能使液压缸在任意位置上停留，且停留后不会在外力作用下移动位置的回路称为锁紧回路。

思考：在锁紧回路（见图6-26）中，哪些元件能实现锁紧功能？

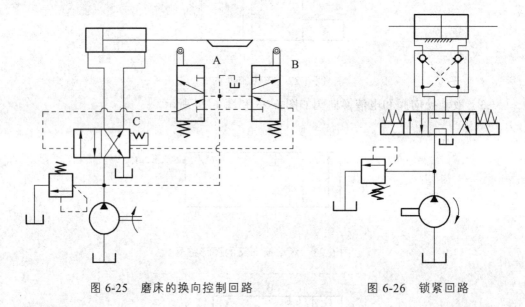

图6-25　磨床的换向控制回路　　　　图6-26　锁紧回路

七、自我检测

（1）单向阀中的作用是＿＿＿＿＿＿＿＿＿＿＿＿＿＿＿。

（2）换向阀的作用是＿＿＿＿＿＿＿＿＿＿＿＿＿＿＿＿＿＿＿。

（3）单向阀和换向阀都属于＿＿＿＿＿＿＿＿＿。

（4）换向阀中的"位"指的是＿＿＿＿＿＿＿＿＿＿＿，"通"又指的是＿＿＿＿＿＿＿。

（5）中位机能是指＿＿＿＿＿＿＿＿＿＿＿＿＿。

（6）换向阀的操作方式一般分为＿＿＿＿＿＿＿＿＿＿＿＿＿＿＿＿＿＿＿。

八、任务实施

1. 学生分组

_____

_____

_____

_____

2. 搜集资料

_____

_____

_____

_____

_____

_____

3. 制订计划

_____

_____

_____

_____

_____

4. 决　策

_____

_____

_____

_____

_____

5. 任务实施

请在下方画出磨床工作台液压控制回路图，并将所需元件信息填入表 6-1 中。

磨床工作台液压控制回路图

表 6-1　元件清单

序号	元件名称	数量	单位	型号	备注

九、验收（任务评价）

1. 小组自评

_____

_____

2. 小组互评

_____

3. 教师点评

十、课后作业

1. 请画出单向阀的符号，并描述单向阀的工作原理。

2. 请画出三位四通换向阀中 O 型、H 型、P 型中位机能的图形符号，并分别阐述其功能。

十一、知识拓展

电液比例换向阀

电液比例阀（见图 6-27）是阀内比例电磁铁根据输入的电压信号产生相应动作，使工作阀阀芯产生位移，阀口尺寸发生改变并以此完成与输入电压成比例的压力、流量输出的元件。

阀芯位移也可以机械、液压或电的形式进行反馈。电液比例阀具有形式种类多样、容易组成使用电气及计算机控制的各种电液系统、控制精度高、安装使用灵活及抗污染能力强等多方面优点，因此其应用领域越来越广泛。近年研发生产的插装式比例阀和比例多路阀充分考虑到工程机械的使用特点，具有先导控制、负载传感和压力补偿等功能。它的出现对移动式液压机械整体技术水平的提升具有重要意义。特别是在电控先导操作、无线遥控和有线遥控操作等方面展现了其良好的应用前景。

图 6-27　电液比例换向阀实物

安装液压升降机

一、教学目标

1. 知识目标

（1）掌握溢流阀的图形符号、特性、工作原理及应用；

（2）掌握减压阀的图形符号、特性、工作原理及应用；

（3）掌握顺序阀的图形符号、特性、工作原理及应用；

（4）掌握压力继电器的图形符号、特性、工作原理及应用。

2. 能力目标

（1）能根据符号正确识别溢流阀、减压阀、顺序阀和压力继电器；

（2）能理解溢流阀、减压阀、顺序阀、压力继电器在液压系统中的作用；

（3）能根据已掌握的液压知识阐述液压升降机的工作原理；

（4）能在实验室中按照液压升降机的液压回路图搭建液压控制回路。

3. 素质目标

（1）养成分析问题考虑局部与整体的关系的习惯；

（2）培养学生对液压与气动系统的学习兴趣；

（3）养成良好的学习习惯；

（4）养成团队协作的习惯；

（5）培养学生的自学能力。

二、教学重难点

1. 重　点

（1）溢流阀、减压阀的工作原理；

（2）顺序阀在回路中的运用；

（3）压力继电器的工作原理。

2. 难 点

能在实验室中按照液压升降机的液压回路图搭建液压控制回路。

三、新课导入

液压升降机（见图 7-1）是一种通过液压油的压力传动从而实现升降的功能，它的剪叉机械结构，使升降机起升有较高的稳定性，宽大的作业平台和较高的承载能力，使高空作业范围更大并适合多人同时作业。它使高空作业效率更高，安全更有保障。

图 7-1　液压升降机实物

四、布置任务

某汽车主机生产厂总装车间，需组装一台液压升降机，以便物料的上下搬运。现升降机已经完成机械结构的搭建，需要我技术部门连接液压控制回路。

要求：

（1）升降机由液压缸进行驱动；

（2）升降机工作台能实现上下运行，并能在行进中停止；

（3）由于载货量较大，该系统必须要有足够的压力保护措施；

（4）自行设计液压控制系统，并画出回路图；

（5）列出元件清单；

（6）根据回路图安装系统并调试。

五、学习资料

液压升降机是由行走机构、液压机构、电动控制机构、支撑机构组成的一种可升降的机器设备。液压油由叶片泵形成一定的压力，经滤油器、隔爆型电磁换向阀、节流阀、液控单向阀、平衡阀进入液缸下端，使液缸的活塞向上运动，提升重物，液缸上端回油经隔爆型电磁换向阀回到油箱，其额定压力通过溢流阀进行调整，通过压力表观察压力表读数值。

（一）溢流阀

溢流阀是一种利用作用在阀芯上的液压力和弹簧力相平衡的原理来控制液压传动系统中油液的压力，以满足执行元件所要求的力和转矩。

1. 溢流阀的作用

（1）作稳压、溢流作用（见图7-2）：起溢流和稳压作用，在定量泵系统中，保持液压系统的压力恒定。

（2）作安全阀用（见图7-3）：起限压保护作用，在变量泵系统中，防止液压系统过载。流阀通常接在液压泵出口处的油路上。

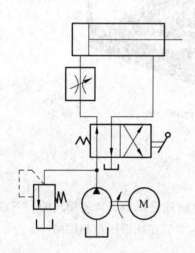 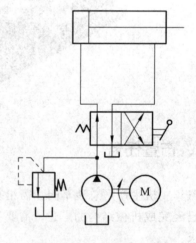

图 7-2 溢流阀作稳压、溢流作用　　　　图 7-3 溢流阀作安全阀用

2. 溢流阀的类型和工作原理

溢流阀一般分为直动式和先导式两种。

（1）直动式溢流阀（见图7-4）：直接利用液压力与弹簧力相平衡，以控制阀芯的启闭动作，从而保证进油口的压力基本恒定。

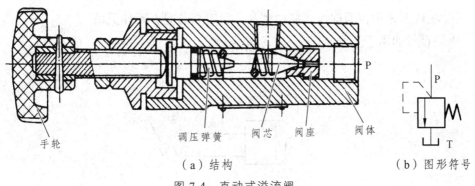

| （a）结构 | （b）图形符号 |

图 7-4　直动式溢流阀

直动式溢流阀的特点：

① 阀芯所受的液压力全靠弹簧力平衡，故当系统压力很高时，弹簧必须很硬，导致结构笨重，调压不轻便。一般用于压力小于 2.5 MPa 的低压系统中，作安全阀或背压阀使用。

② 由于惯性或负载的变化，导致调整压力变化，即开口度的变化，由于弹簧的曲度系数很大，所以系统压力不稳定，稳压精度差。

③ 结构简单、便宜，但工作时易产生振动和噪声。

④ 一般用于低压小流量场合。

图形符号如图 7-5 所示。

（2）先导式溢流阀（见图 7-6）：利用主阀芯上下两端液体压力差与弹簧力相平衡的原理来进行压力控制。

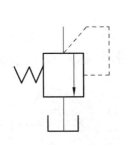

图 7-5　溢流阀图形符号

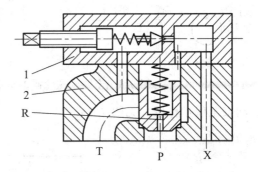

图 7-6　先导式溢流阀

从结构上分为两部分：

① 先导调压部分：控制主阀的溢流压力。

② 主阀部分：溢流。

先导式溢流阀的特点：

① 因为锥阀作用面积很小，即使压力很高，弹簧刚度仍不大，调压轻便。

② 主阀弹簧很软，因此溢流量变化时，压力波动小，静态特性好。

③ 能适应各种不同的调压范围的要求。

④ 主阀芯采用锥面阀座式结构密封，没有搭合量，动作灵敏。

图形符号如图 7-7 所示。

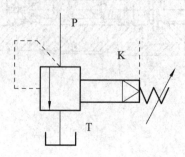

图 7-7 先导式溢流阀图形符号

先导式溢流阀的作用：

① 起稳压和溢流作用（见图 7-8）。

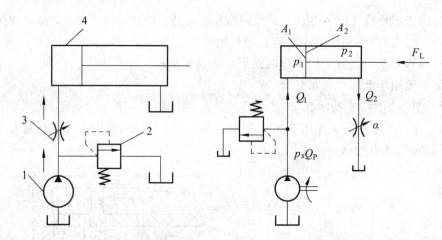

图 7-8 先导式溢流阀的稳压、溢流作用

② 起安全保护作用（见图 7-9）。

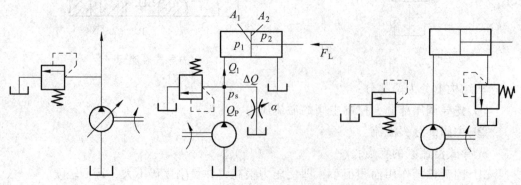

（a）变量泵液压系统   （b）定量泵旁路节流调速系统   （c）定量泵非节流调速系统

图 7-9 先导式溢流阀的安全保护作用

③ 起卸荷作用（见图 7-10）。

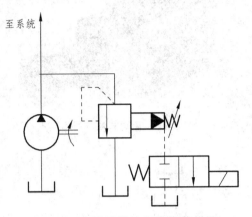

图 7-10　先导式溢流阀的卸荷作用

④ 作背压阀使用（见图 7-11）。

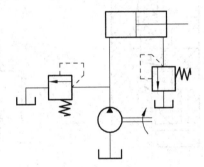

图 7-11　先导式溢流阀作背压阀使用

（二）减压阀

1. 作　用

（1）减压：降低液压系统某支路（控制油路、夹紧回路、润滑回路等）的压力。
（2）稳压：稳定液压系统某支路的压力。

2. 类　型

按功能可分为定值减压阀、定差减压阀和定比减压阀。
定值减压阀：保证阀的出口压力为定值。
定差减压阀：保证阀的进、出油口压差为定值。
定比减压阀：保证阀的进、出油口压力比为定值。
按结构可分为直动式、先导式。
1）直动式减压阀（见图 7-12 和图 7-13）

图 7-12　直动式减压阀实物

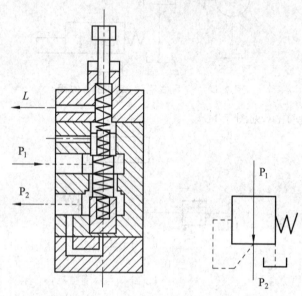

图 7-13　直动式减压阀的结构及职能符号

直动式减压阀的工作原理：

在安装位置上，阀芯在弹簧力的作用下处于最下端，阀口开度最大，进出口沟通，不起减压作用。

与溢流阀不同的是，减压阀检测和控制的是阀的出口压力，当出口压力达到压力调定值时，阀芯上移，阀口关小，产生压降，阀处于工作状态。

2）先导式减压阀（见图 7-14～图 7-16）

图 7-14　先导式减压阀实物

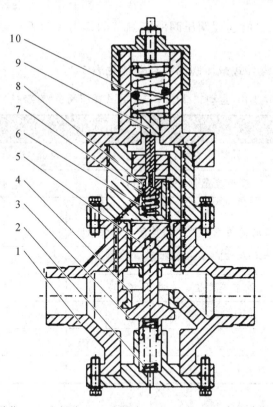

1—阀体；2—主弹簧；3—主阀芯；4—主阀座；5—活塞；6—先导弹簧；7—先导阀芯；
8—先导阀座；9—先导活塞；10—调整弹簧。

图 7-15　先导式减压阀的内部结构

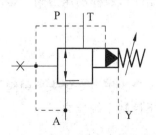

图 7-16　先导式减压阀的职能符号

先导式减压阀的工作原理：

先导式减压阀主要由阀体、主弹簧、主阀芯、主阀座、活塞、先导弹簧、先导阀芯、先导阀座、先导活塞和调整弹簧等组成。拧动调节螺钉，压缩调整弹簧，顶开先导阀芯，介质从进口侧进入活塞上方，由于活塞的面积大于主阀阀芯的面积，推动活塞向下移动，使主阀打开，由阀后压力平衡调节弹簧的压力改变导阀的开度，从而改变活塞上方的压力，控制主阀芯的开度使阀后压力保持恒定。

与直动式减压阀相比，先导式减压阀的远程控制口有一个重要的功能，即通过油管接到另一个远程调压阀（远程调压阀的结构和减压阀的先导控制部分一样），调节远程调压阀的弹簧力，即可调节减压阀主阀芯上端的液压力，从而对减压阀的出口压力实行远程调压，但远程调压阀所能调节的最高压力不得超过减压阀本身导阀的调整压力。

直动式减压阀与先导式减压阀的特点对比见表 7-1。

表 7-1　直动式减压阀与先导式减压阀的特点对比

对比项目	直动式减压阀	先导式减压阀
结构	简单	复杂
流量	一般小流量（<20 L/min）	有可能得到大流量
压力	一般为低压 （为了进行高压控制需要用非常大的弹簧）	高压 增强先导阀弹簧可进行高压控制
静态特性	差	优
动态特性	优（响应速度快，脉冲压力小）	差
稳定性	差	优
泄漏量	少	多
抗污染性	强	弱

（三）顺序阀

顺序阀是一种利用压力控制阀口通断的压力阀，是用来控制液压系统中各元件先后动作顺序的液压元件。

1. 作　用

顺序阀的作用是利用油路本身的压力变化来控制阀口开启，达到油路通断，实现执行元件的顺序动作，它一般不控制系统压力。

2. 工作原理

顺序阀的进、出油口不互通。进油口的压力油经主阀芯的阻尼小孔作用到先导阀芯上，先导阀为滑阀结构，先导滑阀的移动由进油口的油液压力控制，主阀芯上腔的油液压力与先导阀的调定压力无关，仅仅通过弹簧刚度很小的主阀上部弹簧与主阀芯上、下两端的压力油来保持主阀芯的受力平衡。

3. 类　型

按控制方式可分为直控顺序阀、外（液控）控顺序阀。
按结构可分为直动式、先导式。

4. 顺序阀的职能符号（见图 7-17）

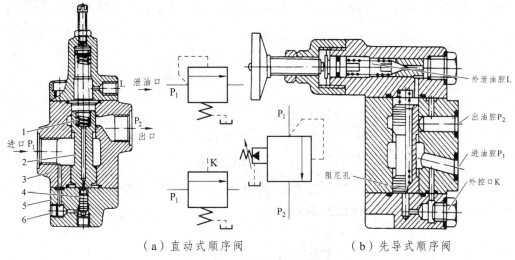

（a）直动式顺序阀　　　　　（b）先导式顺序阀

图 7-17　顺序阀的内部结构及职能符号

5. 顺序阀的应用

（1）内控外泄顺序阀（见图 7-18）用于多个执行元件顺序动作。其进口压力先要达到阀的调定压力，而出口压力取决于负载。当负载压力高于阀的调定压力时，进口压力等于出口压力，阀口全开；当负载压力低于调定压力时，进口压力等于调定压力，阀的开口一定。

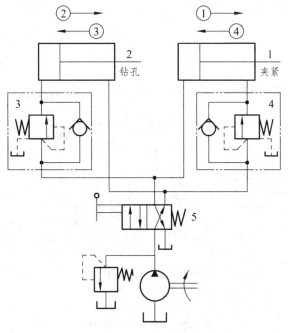

图 7-18　顺序阀的应用 1

（2）内控内泄顺序阀（见图7-19）的图形符号和工作原理与溢流阀相同，可作背压阀，多串联在执行元件的回油路上，使回油具有一定压力，保证执行元件运动平稳。

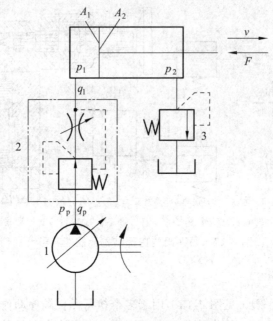

图 7-19　顺序阀的应用 2

（3）外控内泄顺序阀（见图7-20）等同于二位二通阀，可作卸压阀，如双泵供油回路中阀 3 是泵 1 的卸压阀。

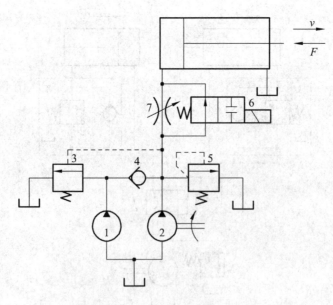

图 7-20　顺序阀的应用 3

（4）外控外泄顺序阀（见图 7-21）可作液动开关和限速锁，如远控平衡阀可限制重物下降的速度。

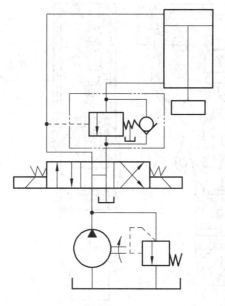

图 7-21　顺序阀的应用 4

（四）压力继电器

压力继电器（见图 7-22）是将压力转换成电信号的液压元器件。客户根据自身的压力设计需要，通过调节压力继电器，可实现在某一设定的压力时，输出一个电信号的功能。

图 7-22　压力继电器实物

图 7-23 所示为柱塞压力继电器的结构及职能符号。

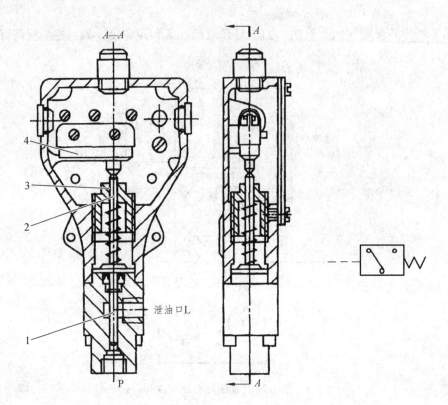

1—柱塞；2—顶杆；3—调节螺套；4—微动开关。

图 7-23　柱塞压力继电器的结构及职能符号

（1）压力继电器的工作原理：压力继电器是利用液体的压力来启闭电气触点的液压电气转换元件。当系统压力达到压力继电器的调定值时，发出电信号，使电气元件（如电磁铁、电机、时间继电器、电磁离合器等）动作，使油路卸压、换向，执行元件实现顺序动作，或关闭电动机使系统停止工作，起安全保护作用等。

当从继电器下端进油口进入的液体压力达到调定压力值时，推动柱塞上移，此位移通过杠杆放大后推动微动开关动作。改变弹簧的压缩量，可以调节继电器的动作压力。

（2）压力继电器分类：分为柱塞式、膜片式、弹簧管式和波纹管式四种结构形式。

（3）压力继电器的应用场合：用于安全保护、控制执行元件的顺序动作、用于泵的启闭、用于泵的卸荷。

（4）压力继电器的注意事项：压力继电器必须放在压力有明显变化的地方才能输出电信号。若将压力继电器放在回油路上，由于回油路直接接回油箱，压力也没有变化，所以压力继电器也不会工作。

（5）压力继电器的应用

如图 7-24 所示，压力继电器用在顺序动作回路中，当执行元件工作压力达到压力继电器调定压力时，压力继电器将发出电信号，使电磁铁得电，换向阀换向，从而实现两液压缸的顺序动作。

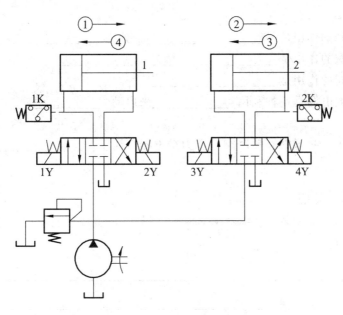

图 7-24　压力继电器的应用

（五）液压升降机液压控制回路

图 7-25 所示为液压升降机液压控制回路。

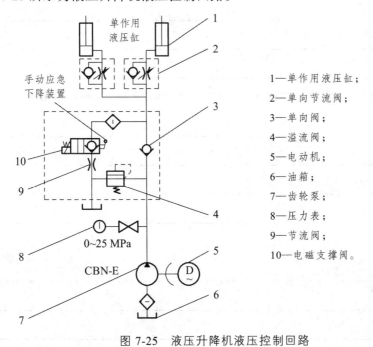

1—单作用液压缸；

2—单向节流阀；

3—单向阀；

4—溢流阀；

5—电动机；

6—油箱；

7—齿轮泵；

8—压力表；

9—节流阀；

10—电磁支撑阀。

图 7-25　液压升降机液压控制回路

六、自我检测

（1）溢流阀的作用是_____，分为_____。

（2）减压阀的作用是_____。

（3）顺序阀的作用是_____。

（4）压力继电器是一种利用_____来启动_____的_____
_____。

（5）溢流阀、减压阀、顺序阀、压力继电器都属于_____元件。

七、任务实施

1. 学生分组

_____

_____

2. 搜集资料

_____

_____

_____

_____

3. 制订计划

_____

_____

_____

4. 决　策

_____

_____

_____

5. 任务实施

请在下方画出液压升降机液压控制回路图，并将所需元件信息填入表 7-2 中。

液压升降机液压控制回路图

表 7-2　元件清单

序号	元件名称	数量	单位	型号	备注

八、验收（任务评价）

1. 小组自评

_____

_____

2. 小组互评

_____

3. 教师点评

_____

_____

九、课后作业

结合学习内容，阐述液压升降机的工作原理，并按照液压升降机的液压控制回路图搭建液压控制回路。

十、知识拓展

美国梅索尼兰 MASONEILAN、美国费希尔 FISHER、美国米勒 MILLER 和德国萨姆森 SAMSON，它们被称为国际四大控制阀品牌，它们的产品畅销世界各地。

1. 美国梅索尼兰 MASONEILA

梅索尼兰拥有令人自豪的悠久历史，它是著名的发明家和企业家威廉·梅森 (William Mason)于 1882 年创立的。当时为梅森调节器公司(MasonRegulator Company)，成立后就很快在蒸汽、气体和液体流动调节设备领域的创造发明方面确立了其地位和名声。1931 年，梅森公司收购了洛杉矶的尼兰公司(NeilanCompany)，尼兰公司在当时快速成长的化工工业界名闻遐迩。这项收购的成果就是梅森-尼兰调节器公司 (Mason-Neilan RegulatorCompany)的成立。梅森-尼兰调节器公司的基本设备产品有控制阀，显示、发送和控制仪器，液位控制器以及压力调节阀。1985 年 2 月，美国德莱赛工业公司收购了梅索尼兰。一百多年来，梅索尼兰公司一再地表现了其灵活性，满足了自动化、手动或遥控工序的各种要求。梅索尼兰也继续地在其专业领域确立崭新的标准、创下先例和发明新技术，这一切在工序控制工业界均公认为首创。梅索尼兰公司在阀门控制领域创下了多项第一：最先开发了并大大简化了阀门口径的设计概念； 最先开发了控制阀顶部导向和底部导向技术；最先研制了第一台通用控制阀 (Camflex)； 最先发明了用于控制阀口径计算和设计过程中能可靠地预测其噪声的方法。

自 1883 年梅森调节器公司制成第一个泵调节器以来，梅索尼兰在控制阀开创性的设计领域一直处于领先地位。

如今，梅索尼兰在 14 个国家设有 30 个制造厂、装配车间和批发站，在全球 100 多个国家设有销售办事处和代表处。

2. 美国费希尔 FISHER

费希尔是全球财富 500 强艾默生 (Emerson) 电气公司过程管理分部 (ProcessManagement)。艾默生过程管理是艾默生业务的一部分，其在化工、石油天然气、炼油、纸浆和造纸、电力、食品与饮料、制药和其他工业的自动化领域中居于领先地位。针对特定的工业行业提供优质的产品、技术、咨询、项目管理和维护服务。

艾默生公司于 1992 年购买了费希尔公司，并与过程仪表领域里的另一家公司——罗斯蒙特公司合并，成立费希尔-罗斯蒙特公司。在 2001 年 4 月，费希尔-罗斯蒙特公司更名为艾默生过程管理公司。

3. 美国米勒 MILLER

美国米勒阀门有限公司是一家专业生产控制阀阀门的国际性公司。1884 年，它是由 Mr.JEREMY、MILLER 在特拉华州建立的。经过几十年专业工程师的不断开发和研究，产品通过许多国际认证，成为世界知名的阀门供应商。

4. 德国萨姆森 SAMSON

萨姆森总部自 1916 年起设在德国法兰克福，萨姆森（中国）在成立以来取得了长足发展，拥有高精度的数控加工中心、工件处理设备和检测检验仪器，以及现代化的立体仓库存储。

安装数控车床刀塔式自动换刀系统

一、教学目标

1. 知识目标

（1）了解节流阀在数控车床刀塔式自动换刀系统中的作用；
（2）掌握节流阀、调速阀的工作原理；
（3）掌握节流阀、调速阀的符号。

2. 能力目标

（1）能根据符号正确识别节流阀、调速阀；
（2）能理解节流阀、调速阀在液压系统中的作用。

3. 素质目标

（1）养成分析问题考虑局部与整体的关系的习惯；
（2）培养学生对液压与气动系统的学习兴趣；
（3）养成良好的学习习惯；
（4）养成团队协作的习惯；
（5）培养学生的自学能力。

二、教学重难点

1. 重 点
（1）掌握节流阀、调速阀的工作原理；

（2）掌握节流阀、调速阀的符号。

2. 难　点

节流阀、调速阀在液压系统中的应用。

三、思政环节

当下，"中国制造"正在向"中国智造"强力迈进，我们要补上"工匠精神"这一课，让它为中国腾飞做出积极贡献。

无论是企业发展或者人的发展，过于强调"快"和"立竿见影"，注定会留下粗糙、浮躁的印记。因此，我们需要在踏踏实实方面下功夫：不贪多求快，不好高骛远，不轻言放弃，用一步一个脚印的精神，艰苦磨炼，产品和技能才能不断攀越，走向精致。比如"大国工匠"胡双钱，在自己的行业干了 35 年，"在车间里，他从不挑活，什么活都干，通过完成各种各样的急件、难件，他的技术能力也在慢慢积累和提高"。

四、新课导入

数控机床（见图 8-1）是一种高精度、高效率的机床。它的高效率来自许多方面，比如它的自动换刀系统，换刀速度增快在很大程度上提高了数控机床的生产效率。

机床刀塔

图 8-1　数控车床

数控车床刀塔（见图 8-2）换刀是由液压马达驱动，其转速必须要用节流阀调节，如果慢，会影响效率，如果快，会产生冲击，导致刀位错乱。

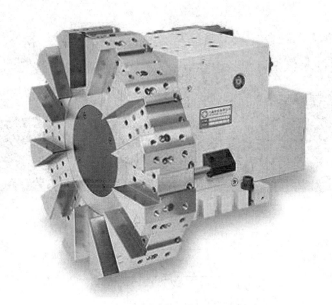

图 8-2　数控车床刀塔

五、布置任务

某数控加工工厂有一台刀塔换刀的数控车床出现了换刀时刀位错乱的故障，要求我们对其进行故障排查。根据维修人员现场查看，初步分析判断故障是由于节流阀故障从而导致了控制刀塔换刀的液压马达的转速不稳定造成的。现已将故障元件拆除，需要重新安装该数控机床刀塔换刀的液压控制回路。

要求：

（1）刀塔系统动作由液压缸驱动，且要能实现变速运动；

（2）换刀速度由节流阀控制；

（3）该控制回路要有压力保护措施；

（4）画出该控制回路图，列出元件清单；

（5）根据回路图安装刀塔系统的液压控制回路。

六、学习资料

液压缸的速度 $V = \dfrac{Q}{A}$，其中 A 为液压缸的面积，Q 为流量，也就是说，在液压缸面积不变的情况下流量的变化决定了速度的变化。

液压马达的转速控制本质上是通过液压油的流量控制来实现的。流量控制的元器件主要有节流阀（见图8-3和图8-4）和调速阀两种，刀塔的液压马达调速是通过节流阀来实现的。

图 8-3　节流阀实物

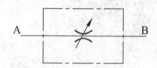

图 8-4　节流阀符号

（一）流量控制原理

通过改变节流口通流面积或通流通道的长短，来改变局部阻力的大小，以实现对流量的控制，从而控制执行元件的速度。

流量控制公式：

$$q = KA\Delta p^{m}$$

式中　q ——流量；

　　　K ——节流系数，由节流口形状、流体状态、流体性质决定（节流口有三种基本类型：薄壁小孔、细长孔、厚壁小孔）；

　　　A ——孔口或缝隙的通流面积；

　　　Δp ——孔口或缝隙的前后压差；

　　　m ——孔口形状决定的指数，薄壁孔，$m = 0.5$；细长孔，$m = 1$。

（二）常用节流口的形式和特征

（1）针阀式节流口（见图8-5）：阀芯和阀体形成环形通道，阀芯水平移动，可改变通流面积。

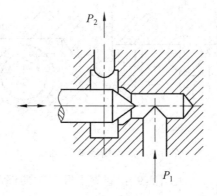

图 8-5　针阀式节流口

（2）偏心式节流口（见图8-6）：阀芯上开有截面为三角形的偏心槽，通过转动阀芯，来改变通道大小。

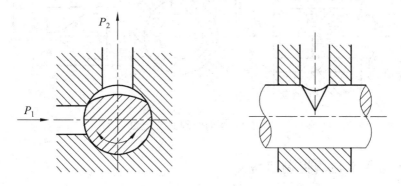

图 8-6　偏心式节流口

（3）轴向三角槽节流口（见图 8-7）（应用广）：阀芯端部开有斜的三角槽，轴向移动阀芯可改变三角槽通流面积从而调节流量。

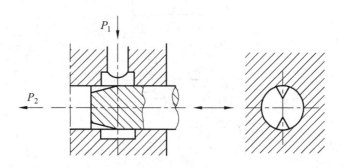

图 8-7　轴向三角槽节流口

（4）周向缝隙式节流口（见图8-8）：阀芯上开有缝隙，油液通过该缝隙进入阀芯内孔，再从左边流出，旋转阀芯，可以改变阀芯通流面积。

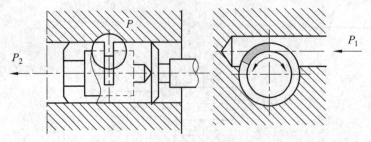

图 8-8 周向缝隙式节流口

（5）轴向缝隙式节流口（见图 8-9）：套筒上开有轴向缝隙，轴向移动阀芯可改变缝隙通流面积。

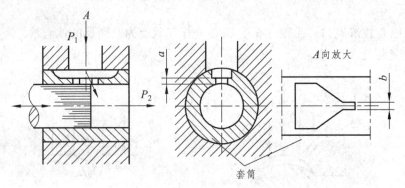

图 8-9 轴向缝隙式节流口

（三）常见节流阀控制回路

（1）进油节流调速回路如图 8-10 所示。

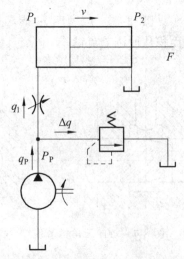

图 8-10 进油节流调速回路

（2）出油节流调速回路如图 8-11 所示。

（3）旁路节流调速回路如图 8-12 所示。

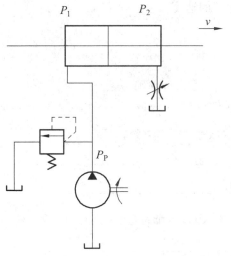
图 8-11　出油节流调速回路

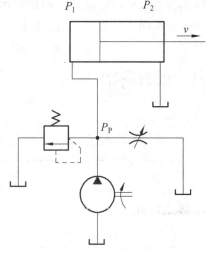
图 8-12　旁路节流调速回路

三种节流调速回路的性能对比见表 8-1。

表 8-1　三种节流调速回路的性能对比

特性	进油节流	回油节流	旁路节流
主要参数	P_1、Q_1、Δp 随负载变化，P_p=常数，P_2≈0	P_2、Q_2、Δp 均随负载变化，$P_1=P_p$（常数）	P_p、P_1、Δp 均随负载变化，$P_p=P_1$，P_2≈0
速度负载特性及运动平稳性	速度负载特性较差、平稳性较差、不能在负值负载下工作	速度负载特性较差、平稳性较好，可在负值负载下工作	速度负载特性较差、平稳性较差，不能在负值负载下工作
负载能力	最大负载由溢流阀调定	最大负载由溢流阀调定	最大负载随节流阀开口增大而减小，低速承载能力差
调速范围	较大，可达 100	较大，可达 100	由于低速稳定性差，调速范围较小
发热及泄漏影响	油通过节流孔发热后进入液压缸，影响液压缸泄漏速度，从而影响速度	油通过节流孔后回油箱冷却，对液压缸泄漏影响较小，对液压缸速度影响较小	泵、缸及阀的泄漏都影响速度
功率消耗	功率消耗与负载、速度无关，低速轻载时功率消耗较大，效率低，发热大	功率消耗与负载、速度无关，低速轻载时功率消耗较大，效率低，发热大	功率消耗与负载成正比且效率较高，发热小

七、自我检测

（1）节流阀在刀塔换刀液压控制回路中的作用是＿＿＿＿＿＿＿＿＿＿。

（2）节流阀通过改变＿＿＿＿＿＿＿＿＿＿＿＿＿＿＿＿＿，来改变局部阻力的大小，以实现对流量的控制，从而控制执行元件的速度。

（3）节流阀属于＿＿＿＿＿＿元件。

八、任务实施

1. 学生分组

_____

_____

2. 搜集资料

_____

_____

_____

_____

3. 制订计划

_____

_____

_____

_____

4. 决　策

_____

_____

_____

5. 任务实施

请在下方画出刀塔系统液压控制回路，并将元件信息填入表 8-2 中。

刀塔系统液压控制回路图

表 8-2　元件清单

序号	元件名称	数量	单位	型号	备注

九、验收（任务评价）

1. 小组自评

_____

_____

2. 小组互评

_____

_____

3. 教师点评

_____

_____

十、课后作业

（1）请画出节流阀的符号，并描述节流阀的工作原理。

（2）设计一个使用节流阀进行液压缸或液压马达速度控制的简单回路，并绘制液压回路图。

十一、知识拓展

调速阀（见图8-13）是由定差减压阀与节流阀串联而成的组合阀。节流阀用来调节通过的流量，定差减压阀则自动补偿负载变化的影响，使节流阀前后的压差为定值，消除了负载变化对流量的影响。

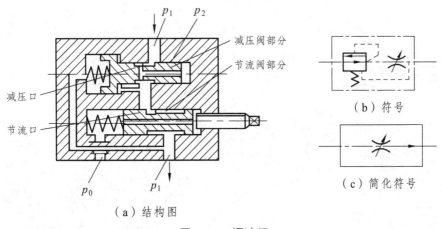

图 8-13　调速阀

节流阀前、后的压力分别引到减压阀阀芯右、左两端，当负载压力增大，于是作用在减压阀芯左端的液压力增大，阀芯右移，减压口加大，压降减小，从而使节流阀的压差保持不变；反之亦然。上述调速阀是先减压后节流的结构。调速阀也可以设计成先节流后减压的结构。节流阀与调速阀的区别：

（1）节流阀是调节和控制阀内开口的大小直接限制流体通过的流量达到节流的目的。由于是强制受阻节流，所以节流前后会产生较大的压力差，受控流体的压力损失比较大，也就是说节流后的压力会减小。

（2）调速阀是在节流阀节流原理的基础上，又在阀门内部结构上增设了一套压力补偿装置，改善的节流后压力损失大的现象，使节流后流体的压力基本上等同于节流前的压力，并且减少流体的发热。

调速阀一般分二通调速阀和三通调速阀，二通调速阀是由一个定差减压阀和一个节流阀串联组成，三通调速阀是由一个定差溢流阀和一个节流阀并联组成，但它们都有一个共同的特性：即保持节流阀进、出油口的压差基本恒定，这样通过节流阀的流量只和阀口开度有关，与负载压力波动无关。调速阀也叫补偿阀。节流阀就像一个水龙头，拧的开度大了，水就流得多，但是在水龙头拧相同圈数的情况下管道里的压力高，水就流得多，压力小，水就流得少。但调速阀则是不管管道里压力有多高（相对），在水龙头拧相同圈数时，水流得一样多。

任务九

气动系统

一、教学目标

1. 知识目标

（1）了解气动执行元件的分类；
（2）掌握气动执行元件的工作原理及符号；
（2）掌握气动逻辑元件的工作原理及符号；
（3）掌握气动自锁回路；
（4）掌握气动切割机的组成及工作原理。

2. 能力目标

（1）能根据图形符号识别气动元件；
（2）能按照工作原理图安装气动切割机气动砂轮的控制系统。

3. 素质目标

（1）养成分析问题考虑局部与整体的关系的习惯；
（2）培养学生对液压与气动系统的学习兴趣；
（3）养成良好的学习习惯；
（4）养成团队协作的习惯；
（5）培养学生的自学能力。

二、教学重难点

1. 重　点

（1）掌握气动自锁回路；

（2）掌握气动切割机的组成及工作原理。

2. 难　　点

能按照工作原理图安装气动切割机气动砂轮的控制系统。

三、思政环节

中华人民共和国成立 70 周年来，特别是改革开放以来，我国工业实现了历史性的跨越。根据世界银行数据，2010 年我国制造业增加值超过美国，标志着自 19 世纪中叶以来，经过一个半世纪后我国重新取得世界第一制造业大国的地位。

我国工业增加值从 1952 年的 120 亿元增加到 2018 年的 30 多万亿元，按不变价计算增长约 971 倍，年均增长 11%。2018 年，我国制造业增加值占全世界的份额达到 28% 以上，成为驱动全球工业增长的重要引擎。在世界 500 余种主要工业产品当中，有 220 余种工业产品中国的产量居全球第一。

经过 70 年的发展，目前我国已经拥有 41 个工业大类、207 个工业中类、666 个工业小类，形成了独立完整的现代工业体系，是全世界唯一拥有联合国产业分类中全部工业门类的国家。我国用了几十年的时间走完了发达国家几百年所走过的工业化历程，创造了世界工业化的奇迹。

四、新课导入

通过前面的学习，我们知道液压系统在工业生产和日常生活中应用十分广泛，也十分重要。与液压系统工作原理相似的气动系统，在工业生产中也占有举足轻重的地位。学好液压与气动相关知识对于工科类学生是十分必要的。

同样采用流体作为工作介质的气动系统，其元件结构、工作原理都与液压系统相近，掌握好液压各元件的知识后，气动系统也能融会贯通。本任务从气动基本元件入手，再拓展至一些气动中较为复杂的元件，从而使同学们能更好地掌握气动系统的相关知识。

五、布置任务

现一工厂委托我公司为其安装气动切割机气动砂轮的控制系统，该控制系统由气动元件组成。气动砂轮的控制系统能完成砂轮自动往复运动，气动砂轮的运动由气缸带动。

要求：

（1）根据系统控制要求，自行设计控制原理图；

（2）根据系统要求，自行选择气动元件，并记录在元件清单中；

（3）根据气路图安装系统；

（4）调试系统，使系统能正常工作。

六、学习资料

1. 气动行程开关

行程开关（又称位置开关或限位开关）是一种将机械信号转换为气控信号，以控制运动部件位置或行程的自动控制器。

气动行程开关的外形及图形符号如图 9-1 所示。

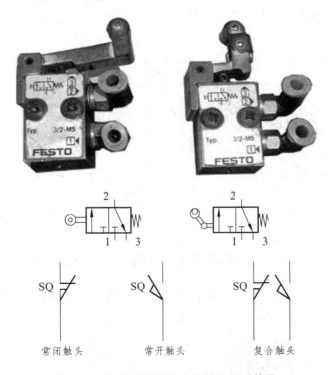

图 9-1　气动行程开关的外形及图形符号

行程开关与按钮的不同之处：按钮通常靠手动操作，而行程开关是利用生产机械运动部件上的挡铁与位置开关碰撞，来接通或断开气路。

行程开关可以分为单向式和双向式。

双向式行程阀在工作中，活塞杆上的挡铁在伸出和返回过程中压下行程阀，都将改变行程阀的通断状态；单向式行程阀（见图 9-2）施压时只有一个方向能改变其工作状态。

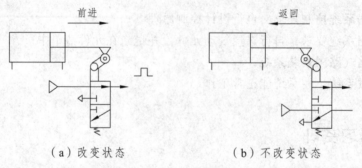

（a）改变状态   （b）不改变状态

图 9-2　单向式行程开关的工作原理

2. 气动逻辑控制元件

1）基本逻辑控制元件

气压传动逻辑控制的基本元件是具有四种逻辑功能的阀（见表 9-1），分别是："是"门元件、"非"门元件、"或"门元件和"与"门元件。

表 9-1　气动逻辑控制元件

类别	含义	典型阀	图形符号	表达式	逻辑符号	真值表
"是"门元件	只要有控制信号输入，就有压缩空气输出	常闭型 3/2 换向阀		$Y = A$		A　Y 1　1 0　0
"非"门元件	当有控制信号输入时，没有压缩空气输出；当没有控制信号输入时，有压缩空气输出	常开型 3/2 换向阀		$Y = \bar{A}$		A　Y 1　0 0　1
"或"门元件	两个控制信号中只要有任何一个输入，就有压缩空气输出	梭阀		$Y = A+B$		A　B　Y 0　0　0 0　1　1 1　0　1 1　1　1
"与"门元件	只有两个控制信号同时输入时，才有压缩空气输出	双压阀		$Y = A \cdot B$		A　B　Y 0　0　0 0　1　1 1　0　0 1　1　1

2）梭阀

梭阀（见图 9-3）有两个输入口，一个输出口（又称工作口），当两个输入口任意一端有信号输入时，输出口即输出信号。其功能与"或"门元件一致，所以，梭阀也称为"或"阀。

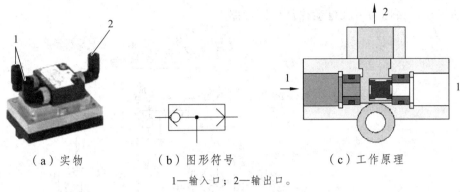

（a）实物　　　　（b）图形符号　　　　（c）工作原理

1—输入口；2—输出口。

图 9-3　梭阀的外形及图形符号

3. 自锁控制回路

通过启动按钮(点动)启动后让控制元件持续输入的气压传动信号，能够使回路保持通路状态，称为自锁控制。在实际应用中，可以把它作为气压传动回路中起自锁作用的模块（自锁控制回路）来使用，如图 9-4 所示。

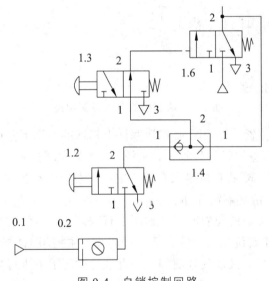

图 9-4　自锁控制回路

当按下启动按钮 1.2 后，压缩空气经梭阀 1.4、停止阀 1.3 的右位，使阀 1.6 左位接通。阀 1.6 工作口有压缩空气输出（即启动信号），由于梭阀 1.4 的一个进气口与阀 1.6 工作口相连，当松开启动按钮后，梭阀的工作口仍有压缩空气输出，使阀 1.6 保持左位接通，始终有压缩空气输出。

4. 切割机的气动控制回路分析

如图 9-5 所示，在切割机的气动控制回路中，气缸在往复运动过程中，带动砂轮对工件进行循环切割工作。在整个气动系统中只有一个气缸，这种实现气缸自动往复运动的气动回路称为单缸自动往复控制回路。

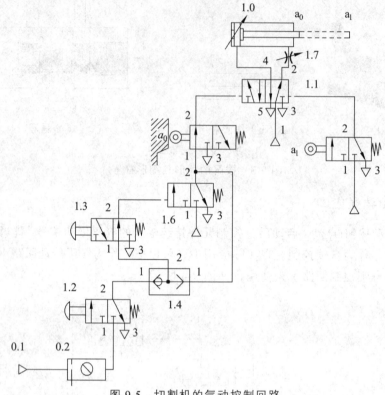

图 9-5 切割机的气动控制回路

在活塞杆的初始位置，行程阀 a_0 在活塞杆上档铁的作用下左位接入系统。当按下启动按钮 1.2 时，压缩空气经行程阀 a_0，主控阀 1.1 的左端控制口，主控阀 1.1 左位接入系统，活塞杆前伸，阀 a_0 右位接入系统，主控阀左端没有控制信号，主控阀 1.1 有"记忆"特性使得气缸活塞继续前伸。

当活塞杆运行到阀 a_1 的位置时，档铁压下行程阀 a_1，压缩空气，a_1 流入主控阀的右控制端，主控阀 1.1 右位接入系统，活塞杆回缩，主控阀 1.1 的右控制端信号消失。当活塞运行至 a_0 的位置，又使气缸前伸，一直这样循环下去进行切割活动。在整个运行过程中，阀 1.3、1.4、1.6 组成自锁，以保持阀 1.4 出口一直有压缩空气输出。

七、自我检测

（1）行程开关又称＿＿＿＿＿＿＿或＿＿＿＿＿＿＿＿＿，是一种将＿＿＿＿＿＿信号转换为＿＿＿＿＿＿＿＿信号，以控制运动部件位置或行程的自动控制器。

（2）行程开关可以分为＿＿＿＿＿＿式和＿＿＿＿＿＿式。

（3）气压传动逻辑控制的基本元件是具有逻辑功能的阀，分别是：＿＿＿门元件、＿＿＿＿门元件、＿＿＿＿门元件、＿＿＿＿门元件。

（4）梭阀有_____个输入口，_____个输出口（又称工作口），当两个输入口任意一端有信号输入时，输出口即_____。其功能与_____门元件一致，所以，梭阀也称为_____阀。

（5）请简述自锁控制回路的工作原理（见图9-4）。

_____

_____

_____

_____。

八、任务实施

1. 学生分组

_____

_____

2. 搜集资料

_____

_____

_____

3. 制订计划

_____

_____

_____

4. 决　策

_____

_____

_____

5. 任务实施

请在下方画出切割机的气动控制回路图，并将所需元件信息填入表 9-2 中。

切割机的气动控制回路图

表 9-2　元件清单

序号	元件名称	数量	单位	型号	备注

九、验收（任务评价）

1. 小组自评

_____

_____

2. 小组互评

_____

_____

3. 教师点评

_____

_____

十、课后作业

（1）请画出气动行程开关、梭阀及双压阀的图形符号。

（2）请简述切割机气动控制回路的工作原理。

十一、知识拓展

1. 双压阀的功能及结构

双压阀又称"与"门梭阀，实现气信号串联。在气动逻辑回路中，它的作用相当于"与"门作用。如图 9-6 所示，该阀有两个输入口 1 和一个输出口 2。若只有一个输入口有气信号，则输出口 2 没有气信号输出，只有当双压阀的两个输入口均有气信号，输出口 2 才有气信号输出。双压阀相当于两个输入元件串联。

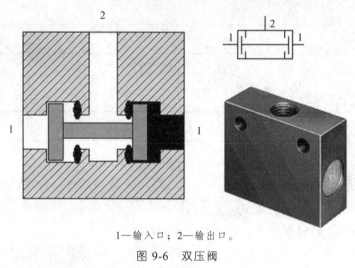

1—输入口；2—输出口。

图 9-6　双压阀

2. 双压阀的应用

双压阀的应用也很广泛，主要用于互锁控制、安全控制、检查功能或者逻辑操作。图 9-7 所示为一个安全回路。只有当两个按钮阀 1S1 和 1S2 都压下时，单作用气缸活塞杆才伸出。若二者中有一个不动作，则气缸活塞杆将回缩至初始位置。

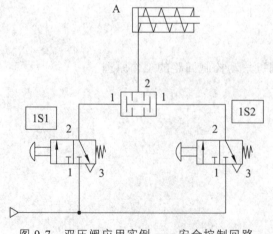

图 9-7　双压阀应用实例 —— 安全控制回路

参考文献

[1] 左建民. 液压与气压传动[M]. 2 版. 北京：机械工业出版社，1999.

[2] 卢醒庸. 液压与气压传动[M]. 上海：上海交通大学出版社，2002.

[3] 许菁，刘振兴. 液压与气动技术[M]. 北京：机械工业出版社，2005.

[4] 颜荣庆，李自光，贺尚红. 现代工程机械液压与液力系统[M]. 北京：人民交通
出版社，2000.

[5] 赵波，王宏元. 液压与气动技术[M]. 4 版. 北京：机械工业出版社，2014.

[6] 中国机械工业教育协会. 液压与气压传动[M]. 北京：机械工业出版社，2001.

[7] 张利平. 液压气动速查手册[M]. 2 版. 北京：化学工业出版社，2016.

[8] 中国标准出版社. 液压气动标准汇编[M]. 北京：中国标准出版社，2019.

[9] 胡运林. 液压与气动系统技术与实践[M]. 北京：冶金工业出版社，2013.